CHIMICA
PER PRINCIPIANTI

Gordon J. Bright

INDICE

ATTENZIONE

Se il lettore di questo libro è un bambino, riteniamo opportuno, per motivi di sicurezza, che gli esperimenti ivi descritti, siano condotti sotto la supervisione di un adulto.

INTRODUZIONE

Cara lettrice, caro lettore,

benvenuti nel fantastico mondo della chimica!

La chimica è ovunque intorno a noi. Ogni respiro che fai, ogni pasto che mangi, ogni pianta che cresce e ogni stella che brilla nel cielo è governata dalle meraviglie della chimica. Ma non preoccuparti, non sei entrato in un laboratorio noioso pieno di provette e sostanze misteriose.
Il nostro viaggio nella chimica sarà divertente, curioso e pieno di sorprese!

Immagina di essere un piccolo detective che esplora i segreti dell'universo. La chimica è come una lente magica che ti permette di vedere oltre la superficie delle cose e scoprire cosa le rende così speciali. Non importa se sei un bambino curioso, un ragazzo intraprendente o un adulto che vuole finalmente capire quella parola un po' misteriosa che lo ha sempre affascinato: **questo manuale è pensato per te!**

Qui troverai spiegazioni semplici, esperimenti divertenti da fare a casa, storie curiose e tanti esempi pratici che ti faranno innamorare di questa straordinaria scienza.

Non preoccuparti se alcune parole ti sembreranno difficili all'inizio: impareremo insieme, passo dopo passo, come dei piccoli chimici.

Pronto a partire? Allora indossa il tuo camice immaginario, prendi la tua lente d'ingrandimento e preparati a esplorare il meraviglioso mondo della chimica. Ti prometto che sarà un'avventura indimenticabile!

GJB

CAPITOLO 1: BENVENUTO NEL MONDO DELLA CHIMICA

1.1. Cos'è la Chimica?

La chimica è la scienza che studia la composizione, le proprietà e le trasformazioni della materia.

In altre parole, **la chimica ci aiuta a capire di cosa sono fatte le cose e come possono cambiare**. È come avere una lente magica che ci permette di vedere l'invisibile e scoprire i segreti nascosti di tutto ciò che ci circonda.

Immagina di essere uno stregone, ma invece di usare incantesimi, usi conoscenze scientifiche per trasformare e creare nuovi materiali.

La chimica è ovunque: nel cibo che mangi, nell'acqua che bevi, nei vestiti che indossi e persino nell'aria che respiri. Ma non è solo questo! La chimica è anche divertimento, curiosità e scoperta.

Ti sei mai chiesto come funziona il sapone che usi per lavarti le mani? O perché il cioccolato si scioglie in bocca? La chimica ha le risposte a queste e molte altre domande! Ogni volta che cucini una torta, accendi una candela o usi una batteria, stai assistendo a reazioni chimiche in azione.

Per esempio, quando cucini una torta, stai mescolando farina, zucchero, uova e lievito. Quando metti la miscela nel forno, il calore fa sì che il lievito produca gas che fa gonfiare l'impasto, trasformandolo in una soffice e deliziosa torta. Non è fantastico?

Ora, per iniziare con il piede giusto, ti propongo un semplice esperimento che puoi fare a casa. Non preoccuparti, non hai bisogno di attrezzature speciali, solo di un po' di curiosità e voglia di divertirti!

Esperimento: Il Vulcano di Bicarbonato

Occorrente:

- *Bicarbonato di sodio*
- *Aceto*
- *Colorante alimentare (facoltativo)*
- *Un contenitore (come una bottiglia di plastica)*
- *Un piatto o una teglia per raccogliere il "lava"*

Procedimento:

Metti il contenitore nel piatto o nella teglia.

Versa alcune cucchiaiate di bicarbonato di sodio nel contenitore.

Aggiungi qualche goccia di colorante alimentare per rendere il "lava" più spettacolare.

Versa lentamente l'aceto nel contenitore e osserva la magia! Vedrai una reazione chimica che fa schiumare e "eruttare" il vulcano.

Questa reazione avviene perché l'aceto (un acido) reagisce con il bicarbonato di sodio (una base), producendo anidride carbonica (un gas) che crea la schiuma. Ed ecco fatto un modo semplice, divertente e sicuro per vedere la chimica in azione.

Ora che hai avuto un assaggio di cosa è la chimica e di come può essere divertente, sei pronto per esplorare più a fondo questo affascinante mondo.

1.1.1. Trasformazioni Chimiche vs Trasformazioni Fisiche

Attenzione: Non bisogna confondere le trasformazioni chimiche con quelle fisiche.

La differenza principale tra questi due tipi di trasformazione risiede nell'**entità delle interazioni** che avvengono tra i componenti della materia:

- Nel caso di rottura e/o creazione di **legami più energetici** (come i legami covalenti e ionici) si parla di **TRASFORMAZIONE CHIMICA**.
  Ergo, i legami più energetici sono quelli che richiedono una quantità significativa di energia per essere rotti.

- Nel caso di rottura e/o creazione di **legami meno energetici** si parla di **TRASFORMAZIONE FISICA** (ad esempio miscelazione, assorbimento gas-liquido, distillazione, adsorbimento fisico).
  I legami meno energetici, quindi, sono quelli che richiedono una quantità relativamente inferiore di energia per essere rotti.

Non esiste una soglia di energia universale che separi nettamente le trasformazioni fisiche dalle

trasformazioni chimiche. Tuttavia, esistono caratteristiche energetiche tipiche che possono aiutare a distinguere i due tipi di trasformazione: in primis, le trasformazioni chimiche comportano la rottura e la formazione di legami chimici, con una conseguente **modifica della struttura chimica delle molecole coinvolte**, mentre le trasformazioni fisiche coinvolgono cambiamenti energetici minori, legati a **interazioni molecolari più deboli**.

1.2. Breve Storia della Chimica

La storia della chimica è una straordinaria avventura che si snoda attraverso i secoli, piena di scoperte, esperimenti strani e menti geniali. Ma non preoccuparti, non sarà un racconto noioso di date e nomi!

1.2.1. Gli Albori: Alchimia e Paracelso

La chimica, come la conosciamo oggi, ha radici profonde nell'antica alchimia. **Gli alchimisti erano un po' come i maghi medievali**. Credevano che fosse possibile trasformare i metalli comuni in oro e trovare l'elisir dell'immortalità. Anche se queste idee possono sembrare bizzarre, **gli alchimisti hanno contribuito molto alla chimica moderna**. Condussero esperimenti, svilupparono nuove tecniche e scoprirono sostanze che poi diventarono fondamentali per la chimica.

Uno degli alchimisti più famosi fu **Paracelso (1493-1541)**, un uomo eccentrico e carismatico che girava con una spada e affermava di avere poteri magici. Fu però un pioniere nell'uso dei minerali e dei composti chimici per scopi medicinali, gettando le basi della chimica farmaceutica.

Paracelso, il cui vero nome *era Philippus Aureolus Theophrastus Bombastus von Hohenheim* (1493-1541), è stato un medico, alchimista e astrologo svizzero. È considerato una delle figure più rappresentative del Rinascimento europeo e uno dei pionieri della chimica applicata alla medicina.

Paracelso nacque in una famiglia normale, figlio di un medico e chimico. Fin da giovane, mostrò un grande interesse per la natura e le sue proprietà. Suo padre gli insegnò i primi rudimenti di chimica e medicina, e Paracelso iniziò a esplorare il mondo delle sostanze chimiche e dei minerali.

All'età di 14 anni, Paracelso iniziò un lungo pellegrinaggio attraverso l'Europa, visitando università e cercando maestri.
Ha studiato a Basilea, Tubinga, Vienna, Wittenberg, e altre città, ma spesso si sentiva deluso dalle scuole tradizionali e dalle loro metodologie. Era un uomo di grande intelligenza e curiosità, ma anche di carattere difficile e spesso polemico.

È noto per aver rivoluzionato la medicina del suo tempo. Rifiutava le teorie tradizionali basate sui quattro elementi (terra, acqua, aria e fuoco) e introdusse la **teoria dei tre principi: sale, zolfo e mercurio**. Credeva che ogni sostanza avesse una sua essenza e che le malattie potessero essere trattate con sostanze chimiche specifiche.

Paracelso, da alchimista, credeva nella possibilità di trasformare i metalli comuni in oro. Tuttavia, il suo interesse principale era l'uso delle sostanze minerali per la cura delle malattie, una disciplina che chiamò "**iatrochimica**". Fu uno dei primi a sistematizzare l'uso dell'oppio in terapie mediche, creando le famose pastiglie di laudano.
Era anche noto per il suo carattere orgoglioso e polemico. Spesso si trovava in conflitto con le autorità mediche e religiose del suo tempo. Morì a Salisburgo nel 1541, probabilmente avvelenato, anche se le circostanze della sua morte rimangono avvolte nel mistero.

Nonostante la sua vita controversa, Paracelso ha lasciato un'impronta indelebile nella storia della medicina e della chimica. Le sue idee innovative e il suo approccio sperimentale hanno aperto la strada a molte delle scoperte scientifiche che conosciamo oggi.

CURIOSITÀ: In che senso l'Alchimia si poteva definire una pratica "esoterica"?

L'alchimia è spesso definita come una pratica "esoterica" perché si basa su conoscenze e tecniche segrete, condivise solo tra un gruppo ristretto di iniziati o apprendisti. Questo approccio esoterico è caratterizzato da simboli, allegorie e linguaggi codificati che nascondono significati profondi e spirituali.

Inoltre, l'alchimia non si limita alla pura scienza chimica, ma include elementi di filosofia, metafisica, astrologia e magia. Gli alchimisti cercavano non solo di trasformare metalli comuni in oro, ma anche di ottenere una trasformazione spirituale e filosofica, rappresentata dalla famosa "Pietra Filosofale".

Questa combinazione di conoscenze scientifiche e spirituali, insieme alla natura segreta e simbolica della pratica, rende l'alchimia una disciplina esoterica.

1.2.2. La Nascita della Chimica Moderna: Lavoisier e la Rivoluzione Chimica

Il vero punto di svolta nella storia della chimica avvenne nel XVIII secolo con Antoine Lavoisier, spesso chiamato il "**Padre della Chimica Moderna**".

Lavoisier ha portato la chimica fuori dall'ombra dell'alchimia, introducendo il metodo scientifico e dimostrando che la massa è conservata nelle reazioni chimiche. In altre parole, ciò che entra in una reazione deve uscire, anche se sotto forme diverse.

Nato il 26 agosto 1743 a Parigi, Lavoisier proveniva da una famiglia benestante e ricevette un'educazione eccellente.
Studiò al *Collège des Quatre-Nations*, dove si appassionò alla chimica, alla botanica, all'astronomia e alle matematiche. Iniziò a sperimentare sin da giovane, e nel 1768 fu eletto membro dell'*Accademia francese delle scienze*, alla giovane età di 25 anni. Nel 1771 sposò *Marie-Anne Paulze*, che divenne una sua preziosa collaboratrice scientifica, traducendo opere dall'inglese e illustrando i suoi libri.

Uno dei contributi più significativi di Lavoisier alla scienza fu la **scoperta del ruolo dell'ossigeno nella combustione**. Nel 1778, Lavoisier identificò l'ossigeno come un elemento e riconobbe il suo ruolo cruciale nei processi di combustione e respirazione. Questo fu un grande passo avanti rispetto alla **teoria del flogisto**, che sosteneva che una sostanza immateriale si liberava durante la combustione.

Nel 1789, Lavoisier enunciò la **Legge della Conservazione della Massa**, che afferma che la massa dei reagenti in una reazione chimica è uguale alla massa dei prodotti. Questo principio fondamentale ha rivoluzionato la chimica, trasformandola da una scienza qualitativa a una quantitativa.

Nonostante i suoi successi scientifici, Lavoisier fu coinvolto in attività politiche ed economiche che lo portarono alla rovina. Durante la Rivoluzione Francese, infatti, fu accusato di tradimento e condannato a morte. Così, l'8 maggio 1794, Lavoisier fu ghigliottinato a Parigi.

Lavoisier è ricordato non solo per le sue scoperte scientifiche, ma anche per il suo ruolo nella **riforma della nomenclatura chimica** e nella **costruzione del sistema metrico**.

1.2.3. Il XIX Secolo: Il Periodo delle Grandi Scoperte

Il XIX secolo fu un periodo d'oro per la chimica. La scoperta della **TAVOLA PERIODICA** da parte di **Dmitri Mendeleev** nel 1869 cambiò il modo in cui i chimici vedevano gli elementi.

Mendeleev, un affascinante professore russo con una folta barba, sognò letteralmente la tavola periodica. Mise in ordine gli elementi in base al loro peso atomico e lasciò spazi vuoti per quelli ancora da scoprire, predicendone le proprietà con sorprendente accuratezza.

Un altro gigante di questo periodo fu **Michael Faraday**, un ex apprendista rilegatore di libri che diventò uno dei più grandi scienziati di tutti i tempi. **Faraday scoprì l'elettromagnetismo e l'elettrochimica**, gettando le basi per molte delle tecnologie moderne.

Faraday nacque il 22 settembre 1791 a *Newington Butts*, vicino a Londra. La sua famiglia era molto povera e suo padre, James, era un fabbro che soffriva di salute cagionevole.
Michael iniziò a lavorare come fattorino per un libraio a soli 13 anni e successivamente divenne apprendista rilegatore. Durante questo periodo, lesse molti libri e sviluppò un forte interesse per le scienze.

Nel 1812 ebbe l'opportunità di assistere a delle lezioni di chimica tenute da Humphry Davy, uno dei più grandi scienziati dell'epoca. Faraday prese appunti durante le lezioni e successivamente inviò un libro di 300 pagine basato su queste annotazioni allo stesso Davy. Impressionato dalla dedizione di Faraday, questi lo assunse come suo assistente.

Faraday fece numerose scoperte rivoluzionarie durante la sua carriera. Tra queste, la scoperta dell'**elettromagnetismo** e l'invenzione della **gabbia di Faraday**, un dispositivo utilizzato per proteggere gli esperimenti da campi elettrici esterni. Ha anche scoperto il principio dell'**induzione elettromagnetica**, che è alla base del funzionamento dei generatori elettrici e dei motori elettrici.
È anche noto per le sue **leggi dell'elettrolisi**, che descrivono come la quantità di sostanza prodotta durante l'elettrolisi è proporzionale alla quantità di elettricità passata attraverso la soluzione. Queste leggi hanno gettato le basi per lo sviluppo dell'elettrochimica moderna.

La cosa più curiosa e strabiliante è che **Faraday non ricevette una formazione scientifica formale**, ma grazie alla sua determinazione e intelligenza, divenne uno dei più grandi scienziati di tutti i tempi. Le sue scoperte hanno avuto un impatto duraturo sulla scienza e sulla tecnologia, e il suo nome è ricordato in numerose invenzioni e concetti scientifici, come il farad, l'unità di misura della capacità elettrica.

1.2.4. Il XX Secolo: La Rivoluzione dei Quanti e della Chimica Nucleare

Nel XX secolo, la chimica subì un'altra grande trasformazione con l'avvento della **Teoria Quantistica** e della **Chimica Nucleare**.

Linus Pauling, con il suo lavoro sui legami chimici e la struttura delle proteine, e **Marie Curie**, con le sue scoperte sulla radioattività, furono tra i protagonisti di questa nuova era.

Marie Curie, in particolare, ha una storia affascinante. Nata in Polonia, si trasferì a Parigi e, con il marito Pierre, **scoprì il polonio e il radio. Vinse ben due Premi Nobel**, uno per la fisica e uno per la chimica, impresa ancora ineguagliata.

Marie Curie, nata *Maria Salomea Skłodowska* il 7 novembre 1867 a Varsavia, in Polonia, proveniva da una famiglia di intellettuali. Suo padre era un insegnante di matematica e fisica, e sua madre morì quando lei aveva solo 10 anni. Nonostante le difficoltà finanziarie, Marie riuscì a completare la sua istruzione secondaria e a lavorare come insegnante per sostenere la sua famiglia e finanziare gli studi universitari della sorella Bronisława.
Nel 1891, Marie si trasferì a Parigi per studiare alla *Sorbona*, dove **si laureò in fisica e matematica**.

Fu lì che incontrò *Pierre Curie*, un fisico che condivideva la sua passione per la ricerca scientifica. Si sposarono nel 1895 e insieme iniziarono a lavorare su ricerche sulla radioattività.

Nel 1898, i Curie scoprirono due nuovi elementi radioattivi: il polonio, chiamato così in onore della Polonia, e il radio.
Queste scoperte furono fondamentali per lo sviluppo della chimica nucleare e della medicina nucleare.
Marie Curie sviluppò anche tecniche per isolare il radio in quantità sufficienti per studiarne le proprietà.

Nel 1903, Marie e Pierre Curie, insieme a Henri Becquerel, ricevettero il Premio Nobel per la Fisica per i loro studi sulla radioattività. Dopo la tragica morte di Pierre nel 1906, Marie continuò il loro lavoro e nel 1911 ricevette un secondo Premio Nobel, questa volta in Chimica, per la scoperta del radio e del polonio e per il suo lavoro pionieristico nell'isolamento del radio.

Durante la Prima Guerra Mondiale, Marie Curie organizzò unità mobili di radiografia, note come "*Petites Curies*", per aiutare i medici a diagnosticare le ferite dei soldati sul campo di battaglia. Queste unità furono cruciali per migliorare il trattamento dei feriti.

Marie Curie morì il 4 luglio 1934 a causa di un'anemia aplastica, una condizione causata dall'esposizione prolungata alle radiazioni. Nonostante i rischi, continuò a lavorare con le radiazioni fino alla fine della sua vita. La sua eredità scientifica è immensa, e il suo lavoro ha aperto la strada a numerose scoperte e applicazioni mediche.

1.2.5. L'Era Moderna: Chimica per un Mondo Sostenibile

Oggi la chimica è più rilevante che mai. Dalla chimica verde, che cerca di rendere le reazioni chimiche più sostenibili e meno dannose per l'ambiente, alla biochimica che svela i segreti della vita, questa scienza continua a evolversi.

Gli scienziati stanno ora esplorando nuove frontiere come la **nanotecnologia** e la **chimica computazionale**, portando avanti l'eredità dei loro predecessori.

Altresì affascinante è l'**astrochimica** che studia le atmosfere e le composizioni chimiche nell'universo. Ad esempio, utilizzando tecniche avanzate come la spettroscopia, gli scienziati possono analizzare la luce riflessa o trasmessa dagli esopianeti per determinare la presenza di elementi e composti chimici. Questo aiuta a comprendere le condizioni di abitabilità e la possibilità di vita su questi pianeti, potenzialmente simili alla terra.

È chiaro che la nanotecnologia può contribuire all'astrochimica fornendo strumenti e sensori sempre più sensibili e precisi per rilevare tracce chimiche minime nell'atmosfera di questi pianeti lontani. Inoltre, le tecniche di manipolazione a livello nanometrico possono essere utilizzate per sviluppare nuovi materiali e strumenti per esplorare e studiare gli esopianeti.

1.3. Le Discipline della Chimica

La chimica è una scienza estremamente vasta e variegata, suddivisa in diverse discipline che si concentrano su aspetti specifici della materia e delle sue trasformazioni. Queste discipline sono spesso raggruppate in base al tipo di materia studiata o al tipo di studio svolto.

Ecco una panoramica delle principali discipline della chimica:

- **Chimica Inorganica**
  Oggetto di Studio: Studia i composti inorganici, cioè quelli che non contengono legami tra atomi di carbonio.
  Esempi di Materie Studiate: Minerali, metalli, sali, complessi di coordinazione.
  Applicazioni: Produzione di materiali avanzati, catalizzatori, pigmenti, semiconduttori.

- **Chimica Organica**
  Oggetto di Studio: Si occupa dei composti contenenti carbonio e delle loro reazioni.
  Esempi di Materie Studiate: Idrocarburi, alcoli, acidi carbossilici, polimeri.
  Applicazioni: Farmaci, plastica, carburanti, prodotti chimici di uso quotidiano.

- **Chimica Fisica**
  Oggetto di Studio: Combina i principi della chimica e della fisica per studiare la struttura della materia e i fenomeni chimici.
  Esempi di Materie Studiate: Termodinamica, cinetica chimica, meccanica quantistica, spettroscopia.
  Applicazioni: Progettazione di nuovi materiali, batterie, celle a combustibile, tecniche analitiche avanzate.

- **Chimica Analitica**
  Oggetto di Studio: Si occupa dell'identificazione e quantificazione delle sostanze chimiche.
  Esempi di Tecniche Utilizzate: Cromatografia, spettroscopia di massa, elettroforesi, analisi volumetrica.
- Applicazioni: Controllo di qualità, monitoraggio ambientale, sicurezza alimentare, ricerca farmacologica.

- **Biochimica**
  Oggetto di Studio: Studia le molecole e i processi chimici che avvengono negli organismi viventi.
  Esempi di Materie Studiate: Proteine, enzimi, acidi nucleici, metabolismo.
  Applicazioni: Biotecnologia, medicina, genetica, sviluppo di terapie innovative.

- **Chimica Ambientale**
  Oggetto di Studio: Esamina l'impatto delle sostanze chimiche sull'ambiente e sviluppa metodi per mitigare l'inquinamento.
  Esempi di Materie Studiate: Ciclo dei nutrienti, contaminanti atmosferici, trattamento delle acque, chimica del suolo.
  Applicazioni: Monitoraggio ambientale, bonifica dei siti contaminati, sviluppo di tecnologie sostenibili.

- **Chimica dei Materiali**
  Oggetto di Studio: Studia le proprietà e le applicazioni dei materiali chimici, includendo metalli, ceramiche, polimeri e compositi.
  Esempi di Materie Studiate: Nanomateriali, semiconduttori, materiali superconduttori, biomateriali.
  Applicazioni: Elettronica, costruzione, industria aerospaziale, medicina.

- **Chimica Industriale**
  Oggetto di Studio: Applica i principi chimici per la produzione su larga scala di prodotti chimici e materiali.
  Esempi di Materie Studiate: Sintesi chimica, processi di separazione, ingegneria chimica, catalisi industriale.

Applicazioni: Produzione di plastica, farmaci, fertilizzanti, prodotti chimici di base.

- **Chimica Teorica e Computazionale**
  Oggetto di Studio: Utilizza modelli matematici e simulazioni al computer per comprendere e prevedere i comportamenti chimici.
  Esempi di Materie Studiate: Dinamica molecolare, teoria dei funzionali della densità, calcoli quantomeccanici.
  Applicazioni: Progettazione di nuovi farmaci, materiali avanzati, sviluppo di metodi predittivi.

- **Chimica Medica**
  Oggetto di Studio: Si concentra sulla progettazione e sintesi di composti bioattivi per uso terapeutico.
  Esempi di Materie Studiate: Farmaci, biomolecole, meccanismi d'azione.
  Applicazioni: Sviluppo di nuovi farmaci, terapie innovative, diagnosi medica.

Le succitate sono solo alcune tra le principali branche della chimica. Immagina questa scienza come un grande fiume dal quale ne derivano in continuazione tanti altri, grandi e piccoli.

È chiaro che ogni disciplina della chimica offre una prospettiva unica e complementare per comprendere il mondo che ci circonda, contribuendo allo sviluppo tecnologico e scientifico in molti campi.

In questo libro stiamo trattando le basi delle basi delle basi ma se ti appassionerai alla materia potrai avventurarti sempre di più alla scoperta di questa super affascinante scienza.

1.4. Le più grandi scoperte chimiche della storia

Eccoti, in ordine puramente casuale, un elenco molto parziale delle più grandi scoperte della chimica, a mio modestissimo parere:

1. La Teoria Atomica di John Dalton (1803)

Dalton propose che tutta la materia è composta da piccoli atomi indivisibili, ognuno con una massa specifica. Questa teoria ha gettato le basi per la chimica moderna.

2. La Scoperta dell'Ossigeno da Joseph Priestley (1774)

Priestley scoprì l'ossigeno, un elemento essenziale per la vita. Questa scoperta ha rivoluzionato la nostra comprensione della respirazione e della combustione.

3. La Legge della Conservazione della Massa di Antoine Lavoisier (1789)

Lavoisier enunciò la legge della conservazione della massa, che afferma che la massa dei reagenti è uguale alla massa dei prodotti in una reazione chimica. Questo principio fondamentale ha trasformato la chimica da una scienza qualitativa a una quantitativa.

4. La Tavola Periodica di Dmitri Mendeleev (1869)

Mendeleev creò la tavola periodica degli elementi, organizzando gli elementi in base alla loro massa atomica e proprietà chimiche. Questo ha permesso di prevedere l'esistenza e le proprietà di elementi ancora da scoprire.

5. La Scoperta della Radioattività da Henri Becquerel (1896)
Becquerel scoprì la radioattività, osservando che certi materiali emettevano radiazioni senza alcuna fonte esterna di energia. Questa scoperta ha aperto la strada alla ricerca nucleare.

6. La Scoperta del DNA da James Watson e Francis Crick (1953)
Watson e Crick scoprirono la struttura a doppia elica del DNA, rivoluzionando la biologia e la genetica. Questa scoperta ha permesso di comprendere il meccanismo di ereditarietà e la replicazione del materiale genetico.

7. La Scoperta del Polonio e del Radio da Marie Curie (1898)
La Curie isolò i nuovi elementi polonio e radio, e il suo lavoro pionieristico sulla radioattività ha aperto la strada a numerose applicazioni mediche e scientifiche.

8. La Scoperta della Penicillina da Alexander Fleming (1928)
Fleming scoprì la penicillina, il primo antibiotico, che ha rivoluzionato la medicina e ha salvato milioni di vite.

9. La Teoria del Legame Chimico di Gilbert Lewis (1916)
Lewis propose la teoria del legame covalente, spiegando come gli atomi condividono elettroni per formare legami chimici. La sua struttura a punti di Lewis è ancora utilizzata oggi per rappresentare le molecole.

10. La Teoria dell'Acido-Base di Brønsted-Lowry (1923)
Brønsted e Lowry indipendentemente svilupparono una teoria più generale degli acidi e delle basi, definendo un acido come un donatore di protoni e una base come un accettore di protoni. Questa teoria ha ampliato la nostra comprensione delle reazioni acido-base.

11. La Sintesi dell'Ammoniaca di Haber-Bosch (1909-1913)
Fritz Haber e Carl Bosch svilupparono un processo per la sintesi industriale dell'ammoniaca dall'azoto atmosferico, rivoluzionando la produzione di fertilizzanti e contribuendo significativamente all'agricoltura mondiale.

12. La Teoria della Chimica Quantistica di Erwin Schrödinger e Werner Heisenberg (1926)
Schrödinger e Heisenberg furono pionieri nella chimica quantistica, introducendo la meccanica ondulatoria e la teoria della matrice. Questi sviluppi hanno permesso di

comprendere la struttura atomica e il comportamento degli elettroni.

13. La Scoperta del Fullereni di Harold Kroto, Robert Curl e Richard Smalley (1985)
I fullereni, una nuova forma di carbonio con una struttura simile a una gabbia, furono scoperti da questi tre scienziati. Questa scoperta ha aperto la strada alla nanotecnologia e a nuove applicazioni nei materiali avanzati.

14. La Sintesi dell'Urea di Friedrich Wöhler (1828)
Friedrich Wöhler sintetizzò l'urea da materiali inorganici, dimostrando che i composti organici possono essere prodotti in laboratorio. Questo esperimento segnò la nascita della chimica organica.

15. La Scoperta dei Gas Nobili da William Ramsay (1894-1898)
Ramsay scoprì i gas nobili (elio, neon, argon, krypton e xenon), espandendo significativamente la tavola periodica e migliorando la nostra comprensione della struttura atomica.

16. La Scoperta della Polimerizzazione da Hermann Staudinger (1920)
Staudinger dimostrò che i polimeri sono catene di molecole unite da legami chimici, ponendo le basi per l'industria della plastica e dei materiali polimerici.

17. Il Modello del Nucleo Atomico di Ernest Rutherford (1911)
Rutherford propose un modello dell'atomo con un nucleo denso e positivo circondato da elettroni, rivoluzionando la nostra comprensione della struttura atomica.

18. La Scoperta delle Vitamine da Casimir Funk (1912)
Funk coniò il termine "vitamine" e identificò alcune delle prime vitamine essenziali per la salute umana, aprendo la strada alla biochimica nutrizionale.

19. La Scoperta della Fotosintesi da Melvin Calvin (1961)
Melvin Calvin scoprì il ciclo di Calvin, un processo biochimico alla base della fotosintesi nelle piante. Questa scoperta ha permesso di comprendere come le piante convertano la luce solare in energia chimica.

20. La Sintesi della Clorofilla da Richard Willstätter (1915)
Willstätter sintetizzò la clorofilla, il pigmento verde responsabile della fotosintesi nelle piante. La sua ricerca ha ampliato la nostra comprensione della biochimica delle piante.

Queste sono solo alcune delle tantissime scoperte che hanno trasformato la chimica e la scienza nel loro complesso, apportando benefici incredibili alla tecnologia, alla medicina e alla nostra comprensione del mondo naturale.

1.5. I più grandi chimici della storia: una Top 10

Come sopra, a scopo puramente divulgativo…

1. Antoine Lavoisier (1743-1794)
Conosciuto come il "*padre della chimica moderna*", Lavoisier ha introdotto il concetto di legge della conservazione della massa e ha scoperto l'ossigeno. Ha anche creato il sistema di nomenclatura chimica ancora in uso oggi.

2. John Dalton (1766-1844)
Dalton è stato il pioniere della teoria atomica moderna, spiegando che tutta la materia è composta da atomi e che gli elementi sono costituiti da atomi di massa diversa.

3. Dmitri Mendeleev (1834-1907)
Mendeleev ha creato la tavola periodica degli elementi, organizzando gli elementi in base alla loro massa atomica e proprietà chimiche. Ha anche previsto l'esistenza di elementi non ancora scoperti.

4. Marie Curie (1867-1934)
Marie Curie è stata la prima donna a vincere un Premio Nobel e l'unica persona a vincere due Premi Nobel in campi scientifici diversi (Fisica e Chimica). Ha scoperto il polonio e il radio e ha fatto importanti ricerche sulla radioattività.

5. Michael Faraday (1791-1867)
Faraday ha apportato contributi fondamentali all'elettromagnetismo e all'elettrochimica, scoprendo l'induzione elettromagnetica e inventando il primo generatore elettrico.

6. Robert Boyle (1627-1691)
Boyle è noto per la legge di Boyle, che descrive la relazione inversamente proporzionale tra la pressione e il volume di un gas a temperatura costante.

7. Joseph Priestley (1733-1804)
Priestley ha scoperto l'ossigeno e diversi altri gas, tra cui il diossido di carbonio e il monossido di carbonio.

8. Linus Pauling (1901-1994)
Pauling è stato uno dei più influenti chimici del XX secolo, noto per il suo lavoro sulla struttura del DNA, la teoria della risonanza e la sua ricerca sulla vitamina C e sulla guerra biologica.

9. Alfred Nobel (1833-1896)
Nobel è famoso per aver inventato la dinamite e per aver istituito i Premi Nobel, che premiano i progressi in vari campi, tra cui la chimica.

10. Louis Pasteur (1822-1895)

Pasteur ha apportato contributi significativi alla microbiologia e alla medicina, scoprendo il processo di fermentazione microbica e sviluppando il processo di pastorizzazione per la conservazione degli alimenti.

1.6. Rapporti tra Matematica, Chimica e Fisica

I rapporti tra matematica, chimica e fisica sono profondi e intrecciati. **Queste tre discipline scientifiche collaborano per fornire una comprensione completa e accurata della natura e dell'universo.**

La matematica fornisce gli strumenti per descrivere e modellare i fenomeni fisici e chimici, mentre la chimica e la fisica si avvalgono dei principi matematici per studiare e comprendere le proprietà della materia e le interazioni energetiche.

Eccoti una panoramica dei loro legami e di come si influenzano reciprocamente.

1. **Matematica vs Fisica**

La matematica è spesso definita il linguaggio della fisica. Le leggi fisiche sono descritte attraverso equazioni matematiche, che permettono di modellare e prevedere il comportamento dei fenomeni naturali.

Ecco alcuni esempi chiave:

- *Meccanica classica: Utilizza le equazioni differenziali per descrivere il moto degli oggetti, come le leggi di Newton.*

- *Teoria della relatività: Le equazioni di Einstein, che descrivono la relazione tra spazio, tempo e gravità, sono espresse in termini matematici complessi.*

- *Meccanica quantistica: Utilizza equazioni come l'equazione di Schrödinger per descrivere il comportamento delle particelle subatomiche.*

2. **Matematica vs Chimica**

La chimica utilizza la matematica per quantificare e analizzare le reazioni chimiche e le proprietà delle sostanze.

Ecco alcune aree in cui la matematica è essenziale per la chimica:

- *Stechiometria: Il calcolo delle quantità relative di reagenti e prodotti nelle reazioni chimiche.*

- *Cinetica chimica: Utilizza le equazioni matematiche per descrivere la velocità delle reazioni chimiche.*

- *Termodinamica chimica: Studia le trasformazioni energetiche nelle reazioni chimiche utilizzando principi matematici.*

- *Chimica computazionale: Utilizza algoritmi matematici per simulare e prevedere il comportamento delle molecole e delle reazioni chimiche.*

3. Fisica vs Chimica

La chimica e la fisica sono discipline strettamente correlate, specialmente nei campi della fisica chimica e della chimica fisica.

Ecco alcune interazioni chiave:

- *Fisica quantistica: La teoria quantistica è fondamentale per comprendere i legami chimici e le proprietà degli atomi e delle molecole.*

- *Spettroscopia: Studia l'interazione della luce con la materia, utilizzando principi fisici per analizzare la struttura delle molecole.*

- *Termodinamica: Le leggi della termodinamica si applicano sia alla chimica che alla fisica per comprendere le trasformazioni energetiche nei sistemi.*

- *Elettrochimica: Studia le reazioni chimiche che coinvolgono il trasferimento di elettroni, utilizzando principi fisici e chimici.*

Esempi di Intersezione:

- *Modello atomico: La fisica quantistica ha rivoluzionato la nostra comprensione della struttura atomica, che è fondamentale per la chimica.*

- *Reazioni nucleari: La fisica nucleare studia le reazioni all'interno del nucleo atomico, che sono cruciali per la chimica nucleare e la produzione di energia.*

- *Nanotecnologia: Combina principi di fisica, chimica e matematica per manipolare la materia a livello nanometrico.*

1.7. L'importanza della Chimica nella vita quotidiana

La chimica è una parte fondamentale della nostra vita quotidiana, anche se spesso non ce ne rendiamo conto. Questa scienza non solo ci aiuta a comprendere il mondo che ci circonda, ma è anche la chiave per molte delle tecnologie e dei processi che utilizziamo ogni giorno.

Eccoti una panoramica sull'importanza della chimica nella nostra vita quotidiana:

1. Cibo e Nutrizione

La chimica è alla base di tutto ciò che riguarda il cibo e la nutrizione. Dagli ingredienti che utilizziamo in cucina alle reazioni che avvengono durante la cottura, la chimica ci aiuta a capire come ottenere il meglio dai nostri alimenti.

Ad esempio:

- *Cottura e reazioni chimiche: Quando cuciniamo, avvengono numerose reazioni chimiche, come la Maillard, che dà sapore e colore ai nostri cibi.*

- *Conservazione degli alimenti: La chimica è utilizzata per sviluppare metodi di conservazione, come la refrigerazione, l'uso di conservanti chimici e l'impiego del sottovuoto.*

- *Nutrienti e metabolismo: La chimica ci permette di comprendere come il nostro corpo utilizza i nutrienti (carboidrati, proteine, grassi, vitamine e minerali) per mantenersi in salute.*

2. Medicina e Salute

La chimica gioca un ruolo cruciale nella medicina e nella salute. Molti farmaci, vaccini e trattamenti terapeutici sono il risultato di scoperte chimiche:

- *Farmaci: La sintesi di nuovi farmaci e la comprensione delle loro modalità di azione nel corpo umano sono basate sulla chimica.*

- *Diagnostica: Molte tecniche diagnostiche, come le analisi del sangue e le scansioni PET, utilizzano principi chimici per rilevare malattie.*

- *Trattamenti medici: Dalla chemioterapia per il trattamento del cancro alla dialisi per i pazienti con insufficienza renale, la chimica è essenziale per sviluppare e migliorare i trattamenti medici.*

3. Igiene e Pulizia

I prodotti per l'igiene e la pulizia che utilizziamo quotidianamente sono il frutto della chimica:

- *Saponi e detergenti: La chimica ci ha permesso di sviluppare saponi e detergenti che rimuovono efficacemente sporco e grasso dalla nostra pelle e dalle superfici domestiche.*

- *Disinfettanti: Prodotti come l'alcol etilico e il cloro sono utilizzati per disinfettare e uccidere germi e batteri.*

- *Prodotti per la cura personale: Shampoo, dentifrici, deodoranti e cosmetici sono tutti sviluppati utilizzando principi chimici per garantire la loro efficacia e sicurezza.*

4. Materiali e Tecnologie

La chimica è fondamentale per lo sviluppo di nuovi materiali e tecnologie:

- *Polimeri e plastica: I polimeri, come il polietilene e il PVC, sono utilizzati in una vasta gamma di prodotti, dai sacchetti di plastica ai tubi industriali.*

- *Nanotecnologia: La chimica è alla base della nanotecnologia, che permette di sviluppare materiali con proprietà uniche a livello nanometrico.*

- *Batterie e energia: Le batterie ricaricabili e le celle a combustibile sono sviluppate utilizzando principi chimici per immagazzinare e convertire l'energia.*

5. Ambiente e Sostenibilità

La chimica svolge un ruolo cruciale nella protezione dell'ambiente e nella promozione della sostenibilità:

- *Depurazione delle acque: I processi chimici sono utilizzati per purificare l'acqua e rimuovere contaminanti dannosi.*

- *Riduzione dell'inquinamento: La chimica ci aiuta a sviluppare tecnologie per ridurre l'inquinamento atmosferico e migliorare la qualità dell'aria.*

- *Energia rinnovabile: La ricerca chimica è alla base dello sviluppo di fonti di energia rinnovabile, come i pannelli solari e i biocarburanti.*

6. Industria e Produzione

La chimica è fondamentale per molte industrie e processi produttivi:

- *Manifattura: La produzione di metalli, vetro, cemento e altri materiali richiede processi chimici specifici.*

- *Industria alimentare: La chimica è utilizzata per migliorare la qualità, il gusto e la conservazione degli alimenti trasformati.*

- *Produzione di energia: La raffinazione del petrolio e la produzione di gas naturale coinvolgono numerosi processi chimici.*

In sintesi, la chimica è una scienza fondamentale che permea ogni aspetto della nostra vita quotidiana. Dagli alimenti che mangiamo ai farmaci che assumiamo, dai prodotti di pulizia che utilizziamo ai materiali che ci circondano, la chimica è alla base di tutto. La comprensione e l'applicazione della chimica non solo migliorano la qualità della nostra vita, ma ci aiutano anche a risolvere le sfide globali, come la sostenibilità ambientale e la salute pubblica.

1.8. Piccoli esperimenti casalinghi per stimolare la curiosità

Dopo tutte queste nozioni, è giunta l'ora di concludere questo capitolo in bellezza ed in modo divertente!
Ti propongo alcuni esperimenti chimici che puoi realizzare tranquillamente e in sicurezza a casa.

Nota: Se sei un bambino, divertiti in tutta sicurezza con un adulto.

1. L'Arcobaleno di Latte

Occorrente:

- *Latte intero*
- *Coloranti alimentari*
- *Sapone liquido per piatti*
- *Un piatto fondo*

Procedimento:
Versa il latte nel piatto fondo, riempiendolo per circa un centimetro.

Aggiungi alcune gocce di diversi coloranti alimentari nel latte, distribuendole uniformemente.

Immergi un bastoncino di cotone nel sapone liquido per piatti e poi toccalo leggermente sulla superficie del latte.

Guarda i colori muoversi e creare un arcobaleno!

Spiegazione:
Il sapone riduce la tensione superficiale del latte e reagisce con i grassi, causando il movimento dei coloranti alimentari.

2. Il Palloncino che si gonfia da solo

Occorrente:

- *Una bottiglia di plastica*
- *Un palloncino*
- *Bicarbonato di sodio*
- *Aceto*

Procedimento:
Versa un po' di aceto nella bottiglia di plastica (circa 1/4 della bottiglia).

Metti alcune cucchiaiate di bicarbonato di sodio nel palloncino.

Fissa il palloncino sulla bocca della bottiglia senza far cadere il bicarbonato all'interno della bottiglia.

Quando sei pronto, alza il palloncino per far cadere il bicarbonato nell'aceto e guarda il palloncino gonfiarsi!

Spiegazione:
La reazione tra aceto e bicarbonato di sodio produce anidride carbonica, che gonfia il palloncino.

3. L'Ottico Giallo e Blu

Occorrente:

- *Amido di mais*
- *Iodopovidone (Betadine)*
- *Acqua*
- *Due bicchieri*

Procedimento:
Riempie un bicchiere con acqua e aggiungi un cucchiaino di amido di mais, mescolando fino a che non si dissolve.

Nell'altro bicchiere, versa una piccola quantità di iodopovidone.

Versa la soluzione di amido nel bicchiere con lo iodopovidone e osserva il cambiamento di colore.

Spiegazione:
Lo iodopovidone reagisce con l'amido formando un complesso che cambia il colore della soluzione.

4. Il Fiore di Carta Magico

Occorrente:

- *Carta*
- *Forbici*
- *Un piatto con acqua*

Procedimento:
Disegna e ritaglia dei piccoli fiori di carta.

Piega delicatamente i petali dei fiori verso il centro, come se fossero chiusi.

Metti i fiori chiusi nell'acqua del piatto e guarda cosa succede!

Spiegazione:
La carta assorbe l'acqua e si espande, facendo aprire i petali dei fiori di carta.

Nel prossimo capitolo, parleremo degli atomi, i mattoni dell'universo, e scopriremo come tutto ciò che ci circonda è fatto di questi piccolissimi costituenti.

Buon divertimento e buona scoperta!

Esercizi

1. Rispondi correttamente alle seguenti domande:

A. Chi era Paracelso?

- *Un filosofo*
- *Un alchimista*
- *Uno storico*

B. Chi è detto "il padre della chimica moderna"?

- *Paracelso*
- *Faraday*
- *Lavoisier*

C. Chi ha scoperto il Polonio e il Radio?

- *Marie Curie*
- *Pauling*
- *Dalton*

D. Chi ha inventato la Tavola Periodica?

- *Lewis*
- *Einstein*
- *Mendeleev*

E. Chi ha scoperto la penicillina?

- *Pasteur*
- *Fleming*
- *Bosch*

F. Chi ha inventato la dinamite?

- *Nobel*
- *Funk*
- *Boyle*

Soluzioni

Es. 1:

A = Alchimista
B = Lavoisier
C = Marie Curie
D = Mendeleev
E = Fleming
F = Nobel

CAPITOLO 2: GLI ATOMI, I MATTONI DELL'UNIVERSO

2.1. Cosa sono gli Atomi?

Gli atomi sono le unità fondamentali della materia, la base di tutto ciò che vediamo, tocchiamo e respiriamo.

Ogni atomo è incredibilmente piccolo, talmente minuscolo che in una sola goccia d'acqua ci sono più atomi di quanti siano i granelli di sabbia su tutte le spiagge del mondo!

Gli atomi, dunque, sono così piccoli che tu non puoi vederli nemmeno con la lente d'ingrandimento o un normale microscopio.

Immagina che tutto quello che vedi intorno a te sia fatto di minuscoli mattoncini LEGO, così piccoli che non riesci nemmeno a vederli a occhio nudo. Questi mattoncini magici si chiamano atomi. Ogni cosa nel mondo è fatta da questi piccoli mattoncini: la tua sedia, la tua merenda, e persino te stesso!

Visto che parliamo di qualcosa di poco intuitivo da comprendere, dobbiamo lavorare un po' di fantasia, quindi, proviamo con un piccolo esempio: immagina di avere una mela.

Se potessi vedere la mela con una lente magica super potente, vedresti che è fatta di miliardi e miliardi di atomi. Ogni atomo è come un piccolo mattoncino che insieme agli altri, forma la mela intera.

Per rendere tutto ancora più chiaro, puoi fare un semplice esperimento.

Innanzitutto, procurati i seguenti materiali:

- *Palla da ping-pong (per rappresentare il nucleo)*
- *Piccoli pezzi di carta o palline di carta (per rappresentare gli elettroni)*
- *Una stanza o un tavolo grande (per rappresentare lo spazio intorno al nucleo)*

Procedimento:

Metti la palla da ping-pong al centro del tavolo.
Prendi i piccoli pezzi di carta e lanciali leggermente intorno alla palla da ping-pong. Questi pezzi di carta rappresentano gli elettroni che girano intorno al nucleo.

Questo esperimento ti aiuterà a visualizzare come gli elettroni si muovono intorno al nucleo, proprio come i pianeti girano intorno al Sole!

2.2. Descrizione e Struttura degli Atomi

Per capire meglio cosa sono gli atomi, dobbiamo esplorarne la struttura.

Ogni atomo è composto da tre tipi di particelle fondamentali: PROTONI, NEUTRONI ed ELETTRONI.

- **Protoni**: Hanno carica positiva e si trovano nel nucleo dell'atomo. Il numero di protoni in un atomo determina quale elemento è. Ad esempio, un atomo di idrogeno ha un solo protone, mentre un atomo di ossigeno ne ha otto.

- **Neutroni**: Sono neutri, cioè non hanno carica elettrica, e si trovano anch'essi nel nucleo insieme ai protoni. La presenza dei neutroni contribuisce alla stabilità del nucleo.

- **Elettroni**: Hanno carica negativa e orbitano intorno al nucleo in una sorta di "nuvola" elettronica. Gli elettroni sono responsabili delle reazioni chimiche e della formazione dei legami tra gli atomi.

L'immagine di un atomo, come detto, può essere paragonata a un mini sistema solare, con il nucleo (protoni e neutroni) al centro e gli elettroni che orbitano intorno come pianeti.

2.3. Il Modello di Bohr: Un Piccolo Sistema Solare

Il modello atomico di Bohr, proposto dal fisico danese **Niels Bohr** nel 1913, è uno dei modelli più famosi per descrivere la struttura degli atomi: **gli elettroni orbitano intorno al nucleo a distanze specifiche, chiamate orbite o livelli energetici**.

Immagina il nucleo come il Sole e gli elettroni come pianeti che seguono orbite precise. Questo modello spiegava perché gli atomi emettono o assorbono energia sotto forma di luce: quando un elettrone salta da un'orbita a un'altra, la differenza di energia tra le due orbite viene emessa o assorbita come **fotone di luce**.

Anche se il modello di Bohr è stato poi raffinato e superato da modelli più complessi, resta una base importante per comprendere il comportamento degli atomi e la quantizzazione dell'energia.

Ma approfondiamo un attimo, se ti va, la vita di questo grande chimico…

Niels Henrik David Bohr, nato il 7 ottobre 1885 a Copenaghen, Danimarca, è stato uno dei fisici più influenti del XX secolo. Figlio di Christian Bohr, un noto fisiologo, e Ellen Adler, Niels crebbe in un ambiente stimolante per lo sviluppo del suo talento.

Bohr iniziò i suoi studi all'*Università di Copenaghen* nel 1903, dove si laureò nel 1911 con una tesi sulla *Teoria degli Elettroni nei Metalli*. Successivamente, trascorse del tempo a Cambridge e Manchester, dove lavorò con eminenti fisici come J.J. Thomson e Ernest Rutherford.
All'apice della sua carriera, nel 1913, come detto, Bohr propose il suo famoso modello atomico, che descriveva gli elettroni che orbitano intorno al nucleo in livelli energetici specifici.
Nel 1922, ricevette così il **Premio Nobel** per la Fisica per il suo lavoro sulla struttura atomica e la meccanica quantistica. Durante la *Seconda Guerra Mondiale*, si trasferì negli Stati Uniti per lavorare al *Progetto Manhattan*, contribuendo allo sviluppo della bomba atomica.
Dopo la guerra, tornò in Danimarca e riprese a lavorare per promuovere la pace e la collaborazione internazionale.
Fondò l'*Istituto Niels Bohr* a Copenaghen, un centro di ricerca che ancora oggi è uno dei più importanti nel campo della fisica teorica. Morì il 18 novembre 1962, lasciando un'eredità duratura nella fisica e nella ricerca scientifica.

Bohr, dunque, è ricordato non solo per il suo modello atomico, ma anche per il suo ruolo nella fondazione della meccanica quantistica e per il suo impegno per la pace e la collaborazione internazionale (anche se paradossalmente lavorò al progetto della bomba atomica).

2.4 Aneddoti Storici: La Scoperta dell'Atomo

La scoperta dell'atomo è una storia affascinante che coinvolge molte menti brillanti attraverso i secoli.

Ecco alcuni degli episodi chiave:

- **Democrito** (circa 460-370 a.C.): Il filosofo greco fu uno dei primi a ipotizzare l'esistenza degli atomi, chiamandoli "atomos", che significa indivisibili.

- **John Dalton** (1766-1844): Dalton sviluppò la prima teoria atomica moderna, suggerendo che ogni elemento è composto da atomi identici e che gli atomi di elementi diversi hanno pesi differenti.

- **J.J. Thomson** (1856-1940): Scoprì l'elettrone nel 1897 attraverso esperimenti con i raggi catodici, proponendo il modello a "plum pudding" in cui gli elettroni erano sparsi in una "sfera" positiva.

- **Ernest Rutherford** (1871-1937): Con il famoso esperimento della lamina d'oro nel 1909, Rutherford dimostrò che l'atomo ha un nucleo piccolo e denso, rivoluzionando il modello atomico. Questo esperimento fu cruciale per comprendere che gli atomi sono composti principalmente di spazio vuoto.

- **Niels Bohr** (1885-1962): Introducendo il suo modello planetario degli atomi, Bohr fornì una spiegazione per le linee spettrali degli elementi.

2.5. L’atomo è la cosa più piccola al mondo?

L'atomo è davvero minuscolo, ma non è la cosa più piccola al mondo!

Immagina di costruire un castello di sabbia sulla spiaggia. La sabbia è fatta di tanti piccoli granelli. Ora, pensa a un atomo come a uno di questi granelli di sabbia. **Anche se è incredibilmente piccolo, dentro l'atomo ci sono cose ancora più piccole!**

Un atomo, infatti, è come una piccolissima sfera, dentro la quale ci sono tre tipi di "pezzettini" ancora più piccoli:

- **Protoni**: Piccoli pezzettini con una carica positiva, come mini calamite.
- **Neutroni**: Piccoli pezzettini senza carica, come pezzetti di sabbia neutri.
- **Elettroni**: Piccoli pezzettini con una carica negativa, che girano intorno al nucleo come i pianeti girano intorno al Sole.

Ma non è finita qui…

Anche i protoni e i neutroni, che si trovano nel centro dell'atomo (nucleo), sono fatti di particelle ancora più piccole chiamate **QUARK**, che sono tra le cose più piccole che conosciamo finora.

Capire che l'atomo è fatto di pezzettini ancora più piccoli ci aiuta a conoscere meglio come funzionano le cose nel nostro mondo, dai computer ai fiori che sbocciano.

2.6. Sostanze Semplici vs Sostanze Composte

La differenza tra sostanze semplici e sostanze composte è uno dei concetti fondamentali della chimica.

SOSTANZE SEMPLICI

Le sostanze semplici sono costituite da un solo tipo di elemento chimico. Questo significa che tutte le particelle che compongono la sostanza sono dello stesso tipo di atomo. Le sostanze semplici possono esistere in diverse forme allotropiche, che sono varianti dello stesso elemento con strutture differenti.

Esempi di sostanze semplici:

- ***Ossigeno (O_2)****: Una molecola di ossigeno composta da due atomi di ossigeno.*
- ***Azoto (N_2)****: Una molecola di diazoto composta da due atomi di azoto.*
- ***Ferro (Fe)****: Un elemento metallico composto solo da atomi di ferro.*
- ***Zolfo (S_8)****: Una molecola di zolfo composta da otto atomi di zolfo.*

SOSTANZE COMPOSTE

Le sostanze composte, invece, sono formate da due o più elementi chimici diversi, combinati in proporzioni definite. Questi elementi sono legati tra loro da legami chimici per formare molecole o composti ionici. Le sostanze composte hanno proprietà diverse rispetto agli elementi che le compongono.

Esempi di sostanze composte:

- ***Acqua (H_2O):*** *Una molecola composta da due atomi di idrogeno e un atomo di ossigeno.*
- ***Anidride carbonica (CO_2):*** *Una molecola composta da un atomo di carbonio e due atomi di ossigeno.*
- ***Cloruro di sodio ($NaCl$):*** *Un composto ionico formato da ioni sodio (Na^+) e cloro (Cl^-).*
- ***Acido solforico (H_2SO_4):*** *Un composto chimico formato da due atomi di idrogeno, un atomo di zolfo e quattro atomi di ossigeno.*

Differenze Principali:

- **Composizione:**
  Sostanze Semplici: Formate da un solo tipo di elemento.
  Sostanze Composte: Formate da due o più elementi diversi.

- **Proprietà:**
  Sostanze Semplici: Le proprietà dipendono dal singolo elemento chimico.
  Sostanze Composte: Le proprietà sono diverse da quelle degli elementi che le compongono.

In sintesi, le sostanze semplici sono costituite da un solo tipo di atomo, mentre le sostanze composte sono formate da combinazioni di diversi atomi legati tra loro.

Questa distinzione è cruciale per capire le reazioni chimiche e le proprietà delle diverse sostanze nel mondo naturale.

2.7. La Mole e la Costante di Avogadro

La mole e la costante di Avogadro sono concetti fondamentali in chimica, essenziali per comprendere la quantità di sostanza nelle reazioni chimiche e nella materia in generale.

La mole è un'unità di misura nel Sistema Internazionale (SI) utilizzata per quantificare la quantità di sostanza.

DEFINIZIONE: *Una mole è definita come la quantità di sostanza che contiene lo stesso numero di entità elementari (atomi, molecole, ioni, ecc.) presenti in 12 grammi di carbonio-12.*

In altre parole, una mole rappresenta un "pacchetto" di particelle, e questo concetto ci permette di lavorare con numeri gestibili quando parliamo di quantità di atomi o molecole, che sono estremamente piccole e numerose.

Invece, la **costante di Avogadro** (indicata come N_A o L) **è il numero di entità elementari contenute in una mole di sostanza**.
Questa costante ha un valore di:
$6{,}02214076 \times 10^{23}\ \mathrm{mol}^{-1}$

Questo significa che una mole di qualsiasi sostanza contiene circa 6.022 × 10^{23} particelle (che siano atomi, molecole, ioni, ecc.).

La combinazione di questi due concetti è fondamentale per:

- ***Stechiometria:*** *Calcolare quantità precise di reagenti e prodotti in una reazione chimica.*

- ***Quantità di sostanza:*** *Determinare la massa molare, che è la massa di una mole di una sostanza.*

- ***Concentrazione:*** *Calcolare la concentrazione delle soluzioni chimiche in termini di moli per litro (**molarità**).*

Esempio Pratico:

Se prendi una mole di acqua (H_2O), avrai:

- 6.022 × 10^{23} molecole di acqua.
- La massa molare dell'acqua è circa 18 grammi/mol, quindi una mole di acqua pesa circa 18 grammi.

In definitiva, in laboratorio e nella chimica teorica, la mole e la costante di Avogadro sono strumenti cruciali per prevedere e misurare come le sostanze chimiche reagiscono tra loro.

Ad esempio, se sai che una reazione richiede una certa quantità di un reagente, puoi usare la mole per calcolare esattamente quanto materiale ti serve.

In conclusione, la mole e la costante di Avogadro sono strumenti potenti che ci permettono di lavorare con quantità enormi di minuscole particelle in modo gestibile e preciso.

2.8. I Composti Chimici

I composti chimici sono alla base della chimica (e della biologia), e comprendere la loro struttura e le loro proprietà è fondamentale per esplorare le scienze naturali e le loro applicazioni pratiche.

Ma di cosa si tratta esattamente?
Un composto chimico è una sostanza, formata da due o più elementi chimici diversi legati tra loro mediante legami chimici.
AD OGNI COMPOSTO CHIMICO CORRISPONDE UNA FORMULA CHIMICA, poiché un composto chimico, in quanto tale, è costituito da atomi di diversi elementi (sennò non si chiamerebbe "composto").
Ad esempio: il composto chimico acqua è formato da due atomi di idrogeno e uno di ossigeno (H_2O).

Gli atomi nel composto sono uniti da legami chimici, che possono essere legami covalenti, ionici o metallici, a seconda della natura degli atomi coinvolti (li vedremo dopo).

RIPETO: I composti chimici sono descritti da una FORMULA CHIMICA che indica gli elementi presenti e il numero relativo di atomi di ciascun elemento.

Ad esempio, ***CO_2*** *indica una* ***molecola di biossido di carbonio*** *composta da un atomo di carbonio e due di ossigeno.*

I composti chimici hanno proprietà fisiche e chimiche specifiche che sono diverse da quelle degli elementi che li compongono. Ad esempio, l'acqua ha proprietà diverse dall'idrogeno e dall'ossigeno presi singolarmente.

Tipi di Composti Chimici:

- **Composti Molecolari**: Formati da molecole con legami covalenti. Esempio: acqua, anidride carbonica.
- **Composti Ionici**: Formati da ioni con legami ionici. Esempio: cloruro di sodio, solfato di magnesio.
- **Composti Metallici**: Formati da atomi metallici con legami metallici. Esempio: ottone (lega di rame e zinco).

Nota: Sui tipi di composti torneremo nel capitolo 4. Considera il suddetto giusto un accenno.

I composti chimici sono fondamentali in chimica e nella nostra vita quotidiana e comprendono:

- **Sostanze Essenziali per la Vita**: Come l'acqua, il glucosio, ecc.
- **Materiali Costruiti dall'Uomo**: Come il polietilene (un tipo di plastica) e il calcestruzzo, ecc.

- **Sostanze Industriali**: Come l'acido solforico, utilizzato nella produzione chimica, ecc.

Ricapitolando:
Quando gli atomi si uniscono in proporzioni definite e costanti, formano dei composti chimici. Ad esempio, l'acqua è un composto chimico con la formula chimica H_2O, composta da atomi di idrogeno e ossigeno nel rapporto 2:1.
I composti non solo differiscono nella composizione chimica rispetto alle sostanze di partenza, ma possiedono anche proprietà chimiche e fisiche distinte rispetto a queste sostanze originarie.

I composti chimici, dunque, sono sostanze costituite da due o più elementi chimici legati insieme in proporzioni definite e costanti mediante legami chimici.

Questi composti possono essere suddivisi in varie categorie in base alla loro composizione e alle proprietà chimiche:

- **Composti Ionici**

Formati da ioni positivi (cationi) e ioni negativi (anioni) legati insieme da forze elettrostatiche.
Esempio: Cloruro di sodio ($NaCl$)

- **Composti Covalenti**

Formati dalla condivisione di coppie di elettroni tra atomi.
Esempio: Acqua (H_2O)

- **Composti Organici**

Contengono carbonio e idrogeno, spesso insieme ad altri elementi come ossigeno, azoto, zolfo e fosforo.
Esempio: Metano (CH_4).

- **Composti Inorganici**

Generalmente non contengono carbonio, sebbene vi siano eccezioni come il diossido di carbonio (CO_2).
Esempio: Acido solforico (H_2SO_4).

2.8.1. Principali composti chimici

I composti chimici sono fondamentali per la vita quotidiana e per la tecnologia moderna. Essi costituiscono i materiali da costruzione della materia vivente, formano i farmaci che utilizziamo per curarci, e sono la base di innumerevoli prodotti industriali e di consumo.

Essi si possono formare in due modi:

- **Sintesi Diretta**: Combinazione di elementi o composti più semplici per formare un composto più complesso.

- **Decomposizione**: Un composto complesso si scompone in composti o elementi più semplici.

In chimica, i termini nitriti, nitrati, solfiti, solfati, biossidi e altri simili si riferiscono a specifici tipi di composti chimici. Ecco una spiegazione di ciascuno di questi termini:

- **Nitriti**

I nitriti sono sali o esteri dell'acido nitroso (HNO_2).
Esempio: Il nitrito di sodio ($NaNO_2$) è un comune composto usato come conservante alimentare.

- **Nitrati**

I nitrati sono sali o esteri dell'acido nitrico (HNO_3). Esempio: Il nitrato di potassio (KNO_3) è utilizzato nei fertilizzanti.

- **Solfiti**

I solfiti sono sali o esteri dell'acido solforoso (H_2SO_3). Esempio: Il solfito di sodio (Na_2SO_3) è usato come conservante alimentare.

- **Solfati**

I solfati sono sali o esteri dell'acido solforico (H_2SO_4). Il solfato di calcio ($CaSO_4$) è usato per fare gesso e cemento.

- **Biossidi**

I biossidi sono composti chimici che contengono due atomi di ossigeno legati a un altro elemento.
Esempio: Il biossido di carbonio (CO_2) è un comune gas prodotto durante la respirazione cellulare.

- **Cloruri**

I cloruri sono sali o esteri dell'acido cloridrico (HCl). Esempio: Il cloruro di sodio (NaCl), noto anche come sale da cucina.

- **Idrossidi**

Gli idrossidi sono composti contenenti il gruppo idrossido (OH^-).

Esempio: L'idrossido di sodio (NaOH) è una base forte comunemente usata.

- **Fosfati**

I fosfati sono sali o esteri dell'acido fosforico (H_3PO_4).
Esempio: Il fosfato di calcio, $Ca_3(PO_4)_2$, è un componente principale delle ossa e dei denti.

Questi composti sono fondamentali in molte reazioni chimiche e applicazioni industriali. La comprensione delle loro proprietà e delle loro funzioni è essenziale per la chimica e molte altre discipline scientifiche.

2.9. L'importanza della Temperatura nella Chimica

La temperatura gioca un ruolo centrale in chimica perché influisce su ogni aspetto delle reazioni chimiche e dei processi fisici. Comprendere come la temperatura modula le reazioni e le proprietà delle sostanze è fondamentale per controllare i processi chimici in laboratorio e nell'industria.

Ecco alcune delle principali ragioni per cui la temperatura è così importante:

1. Velocità delle Reazioni Chimiche

- **Energia di Attivazione**: La temperatura influisce sulla quantità di energia disponibile per superare l'energia di attivazione di una reazione. Un aumento della temperatura generalmente aumenta la velocità delle reazioni chimiche perché più molecole hanno energia sufficiente per reagire.

- **Teoria delle Collisioni**: Le particelle devono collidere con sufficiente energia per reagire. Un aumento della temperatura aumenta l'energia cinetica delle particelle, portando a collisioni più frequenti e energetiche.

2. Equilibrio Chimico

- **Costante di Equilibrio (K)**: La temperatura può spostare l'equilibrio di una reazione secondo il *Principio di Le Chatelier*. Ad esempio, per una reazione esotermica, un aumento della temperatura favorisce la reazione inversa, riducendo K.

- **Endotermiche vs Esotermiche**: Le reazioni endotermiche sono favorite dall'aumento della temperatura, mentre le reazioni esotermiche sono favorite dalla diminuzione della temperatura.

3. Solubilità

- **Solidi in Liquidi**: La solubilità dei solidi nei liquidi generalmente aumenta con l'aumentare della temperatura.

- **Gas in Liquidi**: La solubilità dei gas nei liquidi generalmente diminuisce con l'aumentare della temperatura.

4. Stato Fisico e Cambiamenti di Fase

- **Punti di Fusione e Ebollizione**: La temperatura determina se una sostanza è in fase solida, liquida o gassosa. La fusione, l'ebollizione e la condensazione sono processi fortemente dipendenti dalla temperatura.

- **Stabilità dei Composti**: Alcuni composti possono essere stabili solo a determinate temperature. Ad esempio, alcuni idrati perdono l'acqua di cristallizzazione a temperature elevate.

5. Proprietà dei Materiali

- **Viscosità e Tensione Superficiale**: La temperatura influisce sulla viscosità dei liquidi e sulla tensione superficiale. Ad esempio, l'olio diventa meno viscoso con l'aumentare della temperatura.

- **Conducibilità Termica ed Elettrica**: Queste proprietà variano con la temperatura, influenzando come i materiali conducono calore ed elettricità.

6. Termodinamica

- **Energia Libera di Gibbs (ΔG)**: La temperatura influisce sul cambiamento di energia libera di Gibbs, che determina se una reazione è spontanea.
- **Entalpia ed Entropia**: La temperatura è un fattore chiave nelle equazioni termodinamiche che descrivono l'entalpia (ΔH) e l'entropia (ΔS) delle reazioni.

Esercizi

1. Rispondi correttamente alle seguenti domande:

A. Cosa sono gli Atomi?

- *Delle molecole più piccole*
- *Delle cellule minuscole*
- *Le unità fondamentali della materia*

B. Cosa formano protoni, neutroni ed elettroni?

- *La cellula*
- *L'atomo*
- *La molecola*

C. Chi ha scoperto l'elettrone?

- *Thomson*
- *Dalton*
- *Bohr*

D. L'atomo è la cosa più piccola del mondo

- *Si*
- *No*
- *Dipende*

E. Qual è la formula dell'Azoto?

- O_2
- S_8
- N_2

F. Quale tra le seguenti NON è una sostanza composta?

- *L'ossigeno*
- *L'anidride carbonica*
- *L'Acqua*

Soluzioni

Es. 1:

A = Le unità fondamentali della materia
B = L'atomo
C = Thomson
D = No
E = N_2
F = L'ossigeno

CAPITOLO 3: GLI ELEMENTI E LA TAVOLA PERIODICA

In natura esistono 92 elementi più altri 28 artificiali ad oggi sintetizzati.

3.1. La Tavola Periodica

La tavola periodica è come una grande mappa che ci mostra tutti gli elementi chimici conosciuti nell'universo.

Ogni elemento è una sostanza pura che non può essere scomposta in sostanze più semplici.

Gli elementi sono i mattoni fondamentali della materia e, combinandosi tra loro, formano tutto ciò che ci circonda.

La tavola periodica fu creata dal chimico russo *Dmitri Mendeleev* nel 1869, che **organizzò gli elementi in base alle loro proprietà chimiche e alla loro massa atomica.**

Quello che è incredibile è che lasciò spazi vuoti nella sua tavola per gli elementi che non erano ancora stati scoperti, e le sue previsioni si rivelarono esatte!

Chi ha scoperto gli elementi della Tavola Periodica?

Ecco alcuni esempi di scopritori e degli elementi che hanno scoperto:

- *Antoine-Laurent de Lavoisier: Alla fine del XVIII secolo, Lavoisier pubblicò un elenco di 33 elementi conosciuti fino ad allora.*

- *Henry Cavendish: Scoprì l'idrogeno nel 1766.*

- *Joseph Priestley: Scoprì l'ossigeno nel 1774.*

- *Carl Wilhelm Scheele: Scoprì anche l'ossigeno, indipendentemente da Priestley, nello stesso anno.*

- *Daniel Rutherford: Scoprì l'azoto nel 1772.*

- *Martin Heinrich Klaproth: Scoprì l'uranio nel 1789.*

- *William Gregor: Scoprì il titanio nel 1791.*

- *Andrés Manuel del Río: Scoprì il vanadio nel 1801.*

- *William Hyde Wollaston: Scoprì il rodio e il cerio nel 1803.*

- *Smithson Tennant: Scoprì l'iridio e l'osmio nel 1804.*

Questi sono solo alcuni esempi, ma molti altri scienziati hanno contribuito alla scoperta e alla comprensione degli elementi chimici nel corso della storia.

Ogni elemento ha una storia unica legata alla sua scoperta e ai progressi scientifici che ne hanno permesso l'identificazione.

3.2. Come leggere la tavola periodica

La tavola periodica è organizzata in righe e colonne, ognuna con un significato specifico:

- **Gruppi (colonne verticali)**: Gli elementi in ogni colonna hanno proprietà chimiche simili perché hanno lo stesso numero di elettroni nel loro guscio più esterno. Ad esempio, tutti gli elementi del gruppo 1, come il litio e il sodio, sono metalli alcalini e reagiscono vigorosamente con l'acqua.

- **Periodi (righe orizzontali)**: Gli elementi in ogni riga hanno lo stesso numero di livelli energetici. Muovendosi da sinistra a destra lungo un periodo, le proprietà degli elementi cambiano gradualmente.

- **Numero Atomico**: Questo numero, presente sopra il simbolo dell'elemento, indica il numero di protoni nel nucleo dell'atomo. Ogni elemento ha un numero atomico unico.

- **Simbolo Chimico**: Ogni elemento è rappresentato da uno o due lettere. Ad esempio, l'ossigeno è indicato con "O", mentre il ferro è "Fe".

- **Massa Atomica**: Questo numero indica la massa media degli atomi dell'elemento, tenendo conto dei diversi isotopi e delle loro abbondanze relative.

Nota: Ti riporto una tavola periodica degli elementi a titolo puramente indicativo, non integralmente leggibile per motivi di spazio nel formato cartaceo del libro. Ti prego di consultarla online nelle opportune dimensioni.

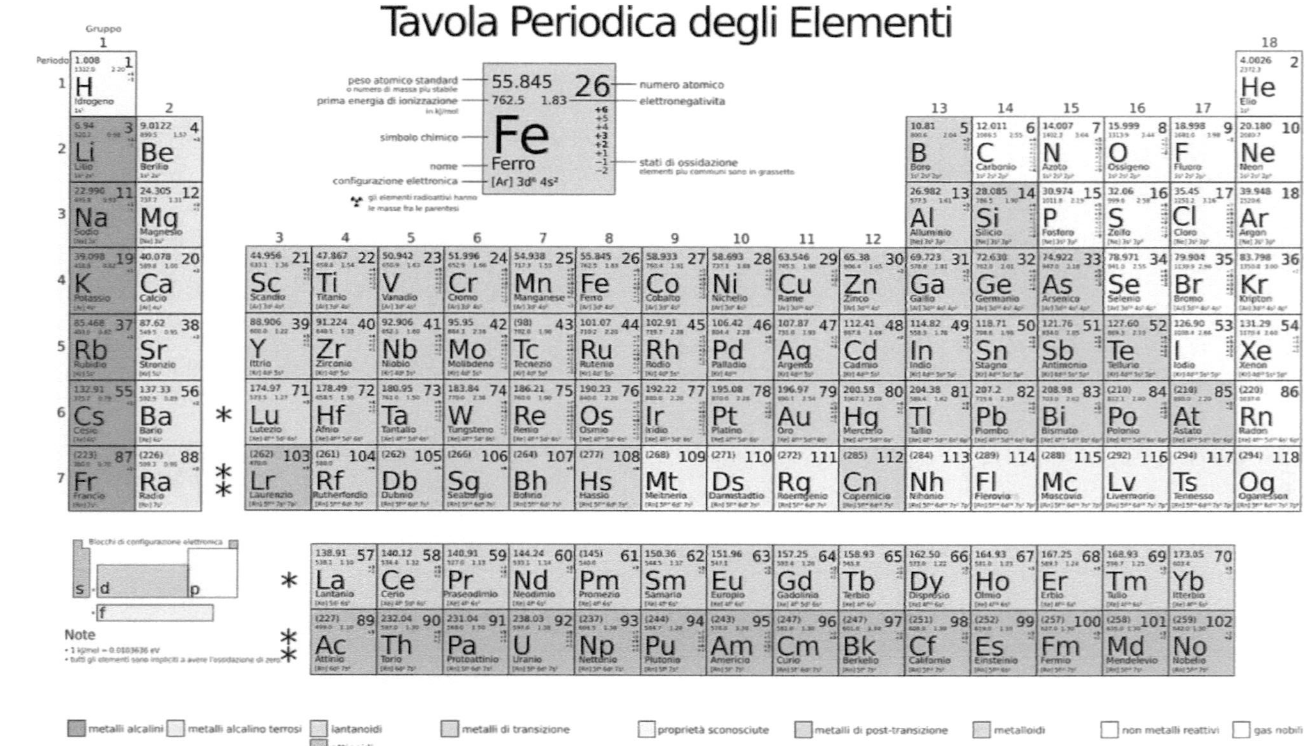
Tavola Periodica degli Elementi
Gruppo
Periodo
peso atomico standard
prima energia di ionizzazione
simbolo chimico
nome
configurazione elettronica
numero atomico
elettronegatività
stati di ossidazione
55.845
26
762.5
1.83
Fe
Ferro
[Ar] 3d⁶ 4s²
Note
metalli alcalini
metalli alcalino terrosi
lantanoidi
attinoidi
metalli di transizione
proprietà sconosciute
metalli di post-transizione
metalloidi
non metalli reattivi
gas nobili

3.3. Gli Elementi Principali e le loro Proprietà

Ecco una breve panoramica di alcuni degli elementi principali e delle loro proprietà:

- **Idrogeno (H)**: L'elemento più leggero e abbondante nell'universo. È il principale componente delle stelle e del nostro Sole.

- **Elio (He)**: Un gas nobile inerte, noto per essere utilizzato nei palloncini e per riempire i dirigibili.

- **Ossigeno (O)**: Essenziale per la respirazione di quasi tutte le forme di vita sulla Terra. È il componente principale dell'aria che respiriamo.

- **Carbonio (C)**: Il mattone della vita. Tutte le molecole organiche, dai carboidrati alle proteine, contengono carbonio.

- **Ferro (Fe)**: Un metallo che è stato fondamentale per il progresso tecnologico dell'umanità. È utilizzato nella costruzione e nell'industria.

- **Oro (Au)**: Un metallo prezioso usato non solo per la gioielleria, ma anche in elettronica e odontoiatria grazie alla sua resistenza alla corrosione.

3.3.1. Elenco completo degli Elementi della Tavola Periodica

Ecco l'elenco completo degli elementi della Tavola Periodica con i loro simboli chimici e numeri atomici *(da 1 a 92: elementi presenti in natura; dal 93: elementi sintetizzati dall'uomo)*:

N. At.	Simbolo	Nome Elemento
1	H	Idrogeno
2	He	Elio
3	Li	Litio
4	Be	Berillio
5	B	Boro
6	C	Carbonio
7	N	Azoto
8	O	Ossigeno
9	F	Fluoro
10	Ne	Neon
11	Na	Sodio
12	Mg	Magnesio
13	Al	Alluminio
14	Si	Silicio
15	P	Fosforo
16	S	Zolfo
17	Cl	Cloro
18	Ar	Argon
19	K	Potassio
20	Ca	Calcio

21	Sc	Scandio
22	Ti	Titanio
23	V	Vanadio
24	Cr	Cromo
25	Mn	Manganese
26	Fe	Ferro
27	Co	Cobalto
28	Ni	Nichel
29	Cu	Rame
30	Zn	Zinco
31	Ga	Gallio
32	Ge	Germanio
33	As	Arsenico
34	Se	Selenio
35	Br	Bromo
36	Kr	Kripton
37	Rb	Rubidio
38	Sr	Stronzio
39	Y	Ittrio
40	Zr	Zirconio
41	Nb	Niobio
42	Mo	Molibdeno
43	Tc	Tecnezio
44	Ru	Rutenio
45	Rh	Rodio
46	Pd	Palladio
47	Ag	Argento
48	Cd	Cadmio
49	In	Indio
50	Sn	Stagno
51	Sb	Antimonio
52	Te	Tellurio
53	I	Iodio

54	Xe	Xenon
55	Cs	Cesio
56	Ba	Bario
57	La	Lantanio
58	Ce	Cerio
59	Pr	Praseodimio
60	Nd	Neodimio
61	Pm	Promezio
62	Sm	Samario
63	Eu	Europio
64	Gd	Gadolinio
65	Tb	Terbio
66	Dy	Disprosio
67	Ho	Olmio
68	Er	Erbio
69	Tm	Tulio
70	Yb	Itterbio
71	Lu	Lutezio
72	Hf	Afnio
73	Ta	Tantalio
74	W	Tungsteno
75	Re	Renio
76	Os	Osmio
77	Ir	Iridio
78	Pt	Platino
79	Au	Oro
80	Hg	Mercurio
81	Tl	Tallio
82	Pb	Piombo
83	Bi	Bismuto
84	Po	Polonio
85	At	Astato
86	Rn	Radon

87 Fr Francio
88 Ra Radio
89 Ac Attinio
90 Th Torio
91 Pa Protattinio
92 U Uranio

ELEMENTI SISNTETIZZATI:

93 Np Nettunio
94 Pu Plutonio
95 Am Americio
96 Cm Curio
97 Bk Berkelio
98 Cf Californium
99 Es Einsteinio
100 Fm Fermio
101 Md Mendelevio
102 No Nobelio
103 Lr Lawrencio
104 Rf Rutherfordio
105 Db Dubnio
106 Sg Seaborgio
107 Bh Bohrio
108 Hs Hassio
109 Mt Meitnerio
110 Ds Darmstadtio
111 Rg Roentgenio
112 Cn Copernicio
113 Nh Nihonio
114 Fl Flerovio
115 Mc Moscovio
116 Lv Livermorio

117	*Ts*	*Tenessino*
118	*Og*	*Oganesson*

3.3.2. Un po' di curiosità sugli Elementi

Vedi la tavola degli elementi e non sai da dove iniziare… Centinaia di nomi astrusi, sigle e numeretti: boh!

Allora andiamo a fare un po' di ordine per capirci qualcosa, suddividendoli per criteri omogenei.

Elementi Vitali per l'Uomo:

- ***Carbonio (C): Base della chimica organica, il carbonio è presente in tutte le molecole organiche, inclusi carboidrati, lipidi, proteine e acidi nucleici. Costituisce la spina dorsale delle macromolecole biologiche.***
  La capacità del carbonio di formare legami stabili e diversificati con altri atomi rende possibile la complessità della vita come la conosciamo. La sua presenza è fondamentale in ogni aspetto della biologia, della chimica organica e delle tecnologie moderne.

- *Ossigeno (O): Essenziale per la respirazione cellulare, è coinvolto nella produzione di ATP. È presente nell'acqua e nelle molecole organiche, costituisce circa il 65% del corpo umano.*

- *Idrogeno (H): Parte integrante dell'acqua e delle molecole organiche, è coinvolto in reazioni di trasferimento di energia. Costituisce circa il 10% del corpo umano.*

- *Azoto (N): Componente fondamentale degli amminoacidi e degli acidi nucleici (DNA e RNA). È essenziale per la sintesi proteica e la trasmissione genetica.*

- *Calcio (Ca): Cruciale per la formazione delle ossa e dei denti, la coagulazione del sangue, e la contrazione muscolare. Costituisce circa l'1-2% del peso corporeo.*

- *Fosforo (P): Parte degli acidi nucleici e delle membrane cellulari (fosfolipidi), coinvolto nel metabolismo energetico (ATP). È essenziale per la struttura ossea e la produzione di energia.*

- *Potassio (K): Regola l'equilibrio dei fluidi e la funzione nervosa e muscolare. È fondamentale per il mantenimento della pressione osmotica e della funzione cellulare.*

- *Zolfo (S): Parte integrante degli amminoacidi metionina e cisteina, e dei gruppi solfidrilici nelle proteine. È coinvolto nella sintesi proteica e nella detossificazione.*

- *Sodio (Na): Regola l'equilibrio idrico, la pressione sanguigna e la funzione nervosa e muscolare. È essenziale per la trasmissione degli impulsi nervosi.*

- *Cloro (Cl): Presente nei fluidi corporei come ione cloruro, aiuta a mantenere l'equilibrio osmotico e l'acidità dello stomaco (HCl). È coinvolto nella regolazione del pH e nella digestione.*

- *Magnesio (Mg): Cofattore per oltre 300 enzimi, coinvolto nella sintesi proteica e nella funzione muscolare e nervosa. È essenziale per il metabolismo energetico e la funzione enzimatica.*

- *Ferro (Fe): Componente essenziale dell'emoglobina e della mioglobina, coinvolto nel trasporto di ossigeno nel sangue. Critico per la produzione di energia e la funzione immunitaria.*

- *Ecc.*

Elementi di Maggiore Valore Economico:

- *Oro (Au): Usato in gioielleria, investimenti e nell'elettronica.*
- *Platino (Pt): Utilizzato in catalizzatori automobilistici, gioielleria e industria.*
- *Rodio (Rh): Estremamente raro e utilizzato nei catalizzatori e in alcune leghe.*

- *Palladio (Pd): Impiegato in catalizzatori, elettronica e gioielleria.*
- *Ecc.*

Elementi più Diffusi sulla Terra:

- *Ossigeno (O): Compone circa il 46,6% della crosta terrestre.*
- *Silicio (Si): Rappresenta circa il 27,7% della crosta terrestre.*
- *Alluminio (Al): Circa l'8,1% della crosta terrestre.*
- *Ferro (Fe): Circa il 5% della crosta terrestre.*
- *Ecc.*

Elementi più Rari:

- *Astatina (At): Estremamente raro e radioattivo.*
- *Francio (Fr): Anche questo è molto raro e altamente radioattivo.*
- *Oganesson (Og): Elemento sintetico e molto raro.*
- *Tellurio (Te): Raro, trovato in piccole quantità nella crosta terrestre.*
- *Ecc.*

Elementi Sintetizzati*:

- *Einsteinio (Es)*
- *Fermio (Fm)*
- *Mendelevio (Md)*
- *Nobelio (No)*
- *Lawrencio (Lr)*

E molti altri elementi transuranici (numero atomico >92).

Elementi Velenosi per l'Uomo:

- *Mercurio (Hg): Tossico se inalato o ingerito.*
- *Piombo (Pb): Tossico e causa avvelenamento da piombo.*
- *Arsenico (As): Estremamente tossico e cancerogeno.*
- *Cadmio (Cd): Tossico e causa gravi danni ai reni.*
- *Tallio (Tl): Estremamente tossico e usato storicamente come veleno per topi.*
- *Berillio (Be): Tossico e cancerogeno se inalato come polvere o fumo.*
- *Antimonio (Sb): Tossico in alte concentrazioni e usato in leghe e composti industriali.*

- *Bario (Ba): I composti solubili del bario sono tossici e possono causare avvelenamento.*
- *Selenio (Se): Essenziale in piccole quantità ma tossico a dosi elevate.*
- *Cromo (Cr), specialmente Cr(VI): Tossico e cancerogeno, usato in galvanoplastica e cromatura.*
- *Fluoro (F): In alte concentrazioni, è molto corrosivo e tossico.*
- *Ecc.*

Elementi Radioattivi:

- *Uranio (U): Utilizzato principalmente come combustibile per i reattori nucleari e per la produzione di armi nucleari.*
- *Plutonio (Pu): È creato artificialmente in reattori nucleari a partire dall'uranio-238.*
- *Radon (Rn): Il radon è un gas nobile radioattivo che si forma naturalmente dalla decomposizione dell'uranio nel suolo, nelle rocce e nell'acqua. È incolore, inodore e insapore, ma può accumularsi in edifici e rappresentare un rischio per la salute umana poiché è la seconda causa principale di cancro ai polmoni dopo il fumo.*

- *Cesio (Cs): Il cesio-137 è pericoloso per la salute umana poiché emette radiazioni gamma.*
- *Torio (Th): Elemento chimico radioattivo utilizzato principalmente come combustibile nei reattori nucleari.*
- *Polonio (Po): Estremamente radioattivo e tossico.*
- *Radio (Ra): Usato storicamente nelle vernici luminescenti, è molto pericoloso.*
- *Americio (Am): Utilizzato nei rilevatori di fumo, è radioattivo.*
- *Curio (Cm): Altamente radioattivo e usato in applicazioni di ricerca.*
- *Nettunio (Np): Un sottoprodotto della fissione nucleare.*
- *Ecc.*

CURIOSITÀ: Sulla Sintesi di Nuovi Elementi

1. Perché vengono sintetizzati nuovi elementi?

La sintesi di **nuovi elementi**, generalmente quelli con un **numero atomico superiore a 92** (noti come **elementi transuranici**), viene effettuata per diverse ragioni:

- **Scoperta Scientifica**: Gli scienziati sono interessati a capire i limiti della tavola periodica e la stabilità nucleare di elementi superpesanti.
- **Applicazioni Tecnologiche**: Alcuni nuovi elementi possono avere applicazioni pratiche, per esempio in medicina nucleare, nella ricerca di materiali avanzati o in applicazioni energetiche.
- **Ricerca Fondamentale**: La produzione e lo studio di nuovi elementi fornisce informazioni cruciali sui meccanismi delle reazioni nucleari e sulla struttura atomica.

2. Come vengono sintetizzati i nuovi elementi?

La sintesi di nuovi elementi avviene generalmente in laboratori altamente specializzati tramite **acceleratori di particelle e reattori nucleari**.

Ecco una panoramica del processo:

- **Bombardamento Nucleare**: Vengono utilizzati acceleratori di particelle per bombardare un bersaglio costituito da nuclei pesanti con nuclei di elementi più leggeri. Questo bombardamento può provocare la fusione dei nuclei, formando un nuovo elemento.

- **Fissione e Decadimento**: Spesso, gli elementi sintetizzati sono altamente instabili e possono decadere rapidamente in altri elementi. Gli isotopi stabili vengono studiati per analizzare le loro proprietà.

- **Identificazione**: Dopo la sintesi, i nuovi elementi vengono identificati tramite rilevatori sensibili che misurano le particelle emesse durante il processo di decadimento.

3. Da cosa prendono il nome i nuovi elementi?

I nuovi elementi prendono il loro nome da diverse fonti:

- **Scienziati Famosi**: Molti elementi sono stati nominati in onore di scienziati che hanno dato contributi significativi alla chimica o alla fisica (es. Mendelevio, Fermio, Nobelio, Einsteinio, ecc.).

- **Luoghi di Scoperta**: Alcuni elementi prendono il nome dal luogo in cui sono stati scoperti o sintetizzati (es. Californium, Dubnio).

- **Proprietà Distintive**: Alcuni nomi derivano dalle proprietà dell'elemento stesso o da concetti mitologici o storici (es. Promezio, dai miti di Prometeo).

Ad ogni modo, *l'International Union of Pure and Applied Chemistry (IUPAC)* ha regole specifiche per la denominazione degli elementi e approva le proposte prima che diventino ufficiali.

In conclusione, la sintesi di nuovi elementi è una frontiera affascinante della chimica e della fisica nucleare, che continua a svelare i misteri dell'universo e ad estendere i limiti della tavola periodica.

Ogni nuovo elemento sintetizzato rappresenta un passo avanti nella nostra comprensione della materia e delle forze fondamentali che governano il nostro mondo.

3.4. Giochi e Quiz per Memorizzare gli Elementi

Imparare tutti gli elementi della tavola periodica può sembrare una sfida, ma con un po' di divertimento e creatività, diventa molto più facile.

Ecco alcune idee per giochi e quiz:

- *Gioco dell'Abbinamento: Crea delle carte con i simboli degli elementi su un lato e i loro nomi sull'altro. Mescola le carte e cerca di abbinarle correttamente.*
- *Quiz a Tempo: Sfida te stesso o i tuoi amici a nominare quanti più elementi possibili in un minuto. Chi ne ricorda di più?*
- *Canzoni degli Elementi: Trova o crea una canzone che elenchi gli elementi in modo mnemonico. Ci sono diverse versioni online che possono aiutarti a memorizzare i nomi in modo musicale.*
- *Puzzle della Tavola Periodica: Acquista o crea un puzzle della tavola periodica. Ricostruire la tavola è un ottimo modo per familiarizzare con la disposizione degli elementi.*
- *App Educative: Ci sono molte app disponibili che offrono giochi interattivi e quiz sulla tavola periodica. Questi strumenti digitali possono rendere l'apprendimento più coinvolgente e divertente.*

Esercizi

1. Rispondi alle seguenti domande:

A. Nella tavola periodica quanti elementi naturali sono presenti?

- *118*
- *92*
- *93*

B. Quale elemento è considerato la base della chimica organica?

- *L'ossigeno*
- *L'azoto*
- *Il carbonio*

C. Qual è l'elemento più diffuso sulla terra?

- *Il silicio*
- *L'ossigeno*
- *Il carbonio*

D. Quale tra i seguenti elementi NON è stato sintetizzato?

- *Fermio*
- *Nobelio*
- *Promezio*

E. Quale elemento è il numero 1 della tavola periodica?

- *Idrogeno*
- *Ossigeno*
- *Azoto*

F. Quale trai seguenti è un elemento radioattivo?

- *Selenio*
- *Mercurio*
- *Polonio*

Soluzioni

Es. 1:

A = 92
B = Carbonio
C = Ossigeno
D = Promezio
E = Idrogeno
F = Polonio

CAPITOLO 4: LE MOLECOLE E I LEGAMI CHIMICI

4.1. Formare le Molecole

Le molecole sono formate quando due o più atomi si uniscono attraverso legami chimici.

Gli atomi si combinano tra loro per raggiungere una maggiore stabilità energetica, spesso completando il loro guscio elettronico esterno. **Questo processo di formazione delle molecole è alla base di gran parte della chimica e delle sostanze che incontriamo nella nostra vita quotidiana.**

Quando gli atomi si legano, condividono o trasferiscono elettroni, creando legami che tengono insieme la molecola.

Il tipo di legame chimico che si forma dipende dalle proprietà degli atomi coinvolti. Le molecole possono essere semplici, come il gas ossigeno (O_2), o molto complesse, come le proteine e il DNA nei nostri corpi.

4.2. Differenza tra Atomi e Molecole

Per comprendere la differenza tra Atomi Vs Molecole, possiamo utilizzare un'analogia semplice:

- **Atomo**: Immagina un atomo come un singolo mattoncino LEGO. È l'unità più piccola di un elemento chimico che mantiene le proprietà di quell'elemento.

- **Molecola**: Ora, immagina di combinare diversi mattoncini LEGO per costruire una piccola struttura, come una casa o una macchina. Questa struttura è una molecola, formata da due o più atomi uniti insieme. Ogni molecola ha proprietà uniche, diverse dai singoli atomi che la compongono.

In altre parole, **un atomo è un singolo componente, mentre una molecola è un gruppo di atomi legati insieme.**

4.3. I Legami Chimici primari: Covalenti, Ionici e Metallici

Esistono diversi tipi di legami chimici, ognuno con caratteristiche uniche.

I principali legami sono: covalenti, ionici e metallici.

4.3.1. Legami Covalenti

I legami covalenti si formano quando due atomi condividono uno o più coppie di elettroni. Questo tipo di legame è molto forte e si trova spesso nelle molecole organiche.

Esistono tre tipi principali di legami covalenti:

- **Legame semplice**: Condivisione di una coppia di elettroni (es. H_2, il gas idrogeno).
- **Legame doppio**: Condivisione di due coppie di elettroni (es. O_2, il gas ossigeno).
- **Legame triplo**: Condivisione di tre coppie di elettroni (es. N_2, il gas azoto).

4.3.2. Legami Ionici (dalla parola "ione")

I legami ionici sono un tipo di legame chimico che si forma attraverso uno scambio di elettroni, ossia quando uno o più elettroni vengono trasferiti da un atomo a un altro, creando così ioni, ossia atomi (o molecole) carichi elettricamente.
Gli ioni con carica positiva sono detti CATIONI, mentre quelli con carica negativa si dicono ANIONI.

Ma in parole povere, cosa è uno IONE?

In parole semplici, uno ione è un atomo o una molecola che ha guadagnato o perso uno o più elettroni, acquisendo così una carica elettrica:

- Se ha perso elettroni, diventa un CATIONE con carica positiva.
- Se ha guadagnato elettroni, diventa un ANIONE con carica negativa.

Immagina un atomo come un piccolo sistema solare con un nucleo al centro e gli elettroni che girano intorno.
Se togli o aggiungi elettroni, cambi l'equilibrio elettrico di questo sistema, rendendolo carico elettricamente.
Ed ecco, hai creato uno ione!

Questo tipo di legame si verifica tipicamente tra metalli e non metalli.

Ecco 5 esempi di composti ionici:

1. **Cloruro di Sodio (NaCl)**
   Il cloruro di sodio, comunemente noto come *sale da cucina*, è uno degli esempi più familiari di un composto ionico.

   - Sodio (Na): Il sodio, un metallo, ha un elettrone nel suo guscio esterno. Per raggiungere una configurazione elettronica stabile, perde questo elettrone e diventa un catione sodio (Na^+).

   - Cloro (Cl): Il cloro, un non metallo, ha sette elettroni nel suo guscio esterno. Per completare il guscio, acquisisce un elettrone e diventa un anione cloro (Cl^-).

   Legame Ionico: L'attrazione elettrostatica tra il catione sodio (Na^+) e l'anione cloro (Cl^-) forma il legame ionico, creando il cloruro di sodio (NaCl).

2. **Ossido di Magnesio (MgO)**
   L'ossido di magnesio è un altro comune esempio di composto ionico.

- Magnesio (Mg): Il magnesio, un metallo, ha due elettroni nel suo guscio esterno. Per raggiungere una configurazione elettronica stabile, perde questi due elettroni e diventa un catione magnesio (Mg^{2+}).

- Ossigeno (O): L'ossigeno, un non metallo, ha sei elettroni nel suo guscio esterno. Per completare il guscio, acquisisce due elettroni e diventa un anione ossigeno (O^{2-}).

Legame Ionico: L'attrazione elettrostatica tra il catione magnesio (Mg^{2+}) e l'anione ossigeno (O^{2-}) forma il legame ionico, creando l'ossido di magnesio (MgO).

3. **Solfuro di Calcio (CaS)**
   Il solfuro di calcio è un composto ionico che si forma tra calcio e zolfo.

   - Calcio (Ca): Il calcio, un metallo, ha due elettroni nel suo guscio esterno. Per raggiungere una configurazione elettronica stabile, perde questi due elettroni e diventa un catione calcio (Ca^{2+}).

   - Zolfo (S): Lo zolfo, un non metallo, ha sei elettroni nel suo guscio esterno. Per completetare il guscio, acquisisce due elettroni e diventa un anione solfuro (S^{2-}).

Legame Ionico: L'attrazione elettrostatica tra il catione calcio (Ca^{2+}) e l'anione solfuro (S^{2-}) forma il legame ionico, creando il solfuro di calcio (CaS).

4. **Bromuro di Potassio (KBr)**
Il bromuro di potassio è un composto ionico formato tra potassio e bromo.

    - Potassio (K): Il potassio, un metallo, ha un elettrone nel suo guscio esterno. Per raggiungere una configurazione elettronica stabile, perde questo elettrone e diventa un catione potassio (K^{+}).

    - Bromo (Br): Il bromo, un non metallo, ha sette elettroni nel suo guscio esterno. Per completare il guscio, acquisisce un elettrone e diventa un anione bromo (Br^{-}).

Legame Ionico: L'attrazione elettrostatica tra il catione potassio (K^{+}) e l'anione bromo (Br^{-}) forma il legame ionico, creando il bromuro di potassio (KBr).

5. **Fluoruro di Litio (LiF)**
   Il fluoruro di litio è un composto ionico formato tra litio e fluoro.

   - Litio (Li): Il litio, un metallo, ha un elettrone nel suo guscio esterno. Per raggiungere una configurazione elettronica stabile, perde questo elettrone e diventa un catione litio (Li^+).

   - Fluoro (F): Il fluoro, un non metallo, ha sette elettroni nel suo guscio esterno. Per completare il guscio, acquisisce un elettrone e diventa un anione fluoro (F^-).

   Legame Ionico: L'attrazione elettrostatica tra il catione litio (Li^+) e l'anione fluoro (F^-) forma il legame ionico, creando il fluoruro di litio (LiF).

4.3.3. Legami Metallici

I legami metallici si formano tra atomi di metalli.

In questo tipo di legame, gli elettroni si muovono liberamente attraverso una "nuvola" di elettroni intorno ai nuclei metallici.

Questa "nuvola" di elettroni delocalizzati conferisce ai metalli le loro proprietà uniche come la conduttività elettrica, la malleabilità e la duttilità.

Ecco alcuni esempi di legami metallici e come si manifestano in vari materiali metallici:

- **Ferro (Fe)**
  Il ferro è un esempio classico di elemento metallico che forma legami metallici. Gli atomi di ferro sono legati tra loro da elettroni delocalizzati che si muovono liberamente attraverso il reticolo cristallino del metallo. Questa struttura rende il ferro un buon conduttore di elettricità e calore.

- **Rame (Cu)**
  Il rame è noto per la sua eccellente conduttività elettrica e termica. I suoi atomi sono legati da legami metallici con elettroni che si muovono liberamente, permettendo al rame di essere utilizzato

ampiamente nei cavi elettrici e nei componenti elettronici.

- **Alluminio (Al)**
  L'alluminio è un metallo leggero con una buona resistenza alla corrosione e un'elevata conduttività elettrica. Gli atomi di alluminio formano legami metallici che conferiscono al metallo la sua leggerezza e la facilità di lavorazione, rendendolo ideale per applicazioni come l'aviazione e l'imballaggio.

- **Oro (Au)**
  L'oro è un metallo prezioso noto per la sua lucentezza e resistenza alla corrosione. Gli atomi di oro sono legati da legami metallici che permettono agli elettroni di muoversi liberamente, rendendo l'oro un ottimo conduttore di elettricità. Questa proprietà è sfruttata nell'elettronica e nella gioielleria.

- **Argento (Ag)**
  L'argento è il miglior conduttore di elettricità tra tutti i metalli. I legami metallici tra gli atomi di argento permettono agli elettroni di fluire liberamente, facilitando l'uso dell'argento in applicazioni come i contatti elettrici e gli specchi.

- **Acciaio**
  L'acciaio è una lega composta principalmente da ferro e carbonio, con altri elementi che migliorano le sue proprietà. I legami metallici nel ferro, combinati con il carbonio e altri elementi, conferiscono all'acciaio la sua resistenza, duttilità e capacità di essere modellato in varie forme.

- **Platino (Pt)**
  Il platino è un metallo denso e resistente alla corrosione, con legami metallici forti tra i suoi atomi. Questa caratteristica lo rende ideale per applicazioni in catalizzatori e gioielli di alta qualità.

- **Titanio (Ti)**
  Il titanio è noto per la sua leggerezza e alta resistenza. I legami metallici tra gli atomi di titanio conferiscono al metallo la sua forza e resistenza alla corrosione, rendendolo ideale per applicazioni aerospaziali e mediche.

- **Mercurio (Hg)**
  Il mercurio è unico perché è l'unico metallo che è liquido a temperatura ambiente. I legami metallici tra gli atomi di mercurio sono abbastanza deboli da permettere agli atomi di muoversi facilmente, spiegando la sua forma liquida.

4.4. I Legami Chimici Secondari

Oltre ai legami chimici primari (covalenti, ionici, metallici), esistono anche **legami chimici secondari**.

Questi legami, noti anche come **forze intermolecolari**, sono forze di attrazione che si verificano tra molecole piuttosto che all'interno di una singola molecola.

Questi legami sono generalmente più deboli dei legami chimici primari (covalenti, ionici e metallici), ma svolgono un ruolo cruciale nelle proprietà fisiche delle sostanze.

Ecco una panoramica delle principali tipologie di legami chimici secondari:

- **Forze di Van der Waals**

Le forze di Van der Waals sono forze attrattive deboli che esistono tra tutte le molecole, indipendentemente dalla loro polarità.

Ci sono tre tipi principali di forze di Van der Waals:

1. **Forze di Dispersione (o di London)**
   Descrizione: Derivano da fluttuazioni temporanee nella distribuzione degli elettroni all'interno

delle molecole, che creano dipoli istantanei e inducono dipoli in molecole vicine.
Importanza: Sono presenti in tutte le molecole, ma sono particolarmente rilevanti nei gas nobili e nelle molecole non polari.

2. **Forze Dipolo-Dipolo**
   Descrizione: Si verificano tra molecole polari, in cui i dipoli permanenti si attraggono l'un l'altro.
   Importanza: Influenzano le proprietà fisiche come il punto di ebollizione e il punto di fusione di molecole polari.

3. **Forze Dipolo Indotto-Dipolo**
   Descrizione: Si verificano quando una molecola polare induce un dipolo temporaneo in una molecola non polare.
   Importanza: Queste forze spiegano l'interazione tra molecole polari e non polari.

- **Legame Idrogeno**

Il legame idrogeno è un tipo speciale di forza dipolo-dipolo che si verifica quando un atomo di idrogeno legato covalentemente a un atomo altamente elettronegativo (come ossigeno, azoto o fluoro) interagisce con un altro atomo elettronegativo.

Descrizione: Un legame idrogeno si forma tra l'idrogeno parzialmente positivo (δ^+) e un atomo elettronegativo parzialmente negativo (δ^-) in un'altra molecola o nella stessa molecola.

Importanza: Il legame idrogeno è cruciale per molte proprietà fisiche e chimiche delle sostanze, come la struttura del DNA, le proprietà dell'acqua (come il suo alto punto di ebollizione) e la stabilità delle proteine.

Impatto sui Materiali e le Proprietà Fisiche
I legami chimici secondari influenzano significativamente le proprietà fisiche delle sostanze. Ad esempio:

- **Punto di Ebollizione**: Le sostanze con legami intermolecolari più forti hanno punti di ebollizione più alti.

- **Solubilità**: La capacità di una sostanza di dissolversi in un solvente dipende dalle forze intermolecolari tra soluto e solvente.

- **Viscosità e Tensione Superficiale**: Le forze intermolecolari influenzano la viscosità dei liquidi e la tensione superficiale.

Questi legami sono essenziali per comprendere il comportamento delle molecole nelle diverse fasi e i fenomeni che osserviamo nella vita quotidiana.

4.5. Esempi di Molecole Comuni nella vita quotidiana

Le molecole sono ovunque intorno a noi e fanno parte di molti aspetti della nostra vita quotidiana. Noi stessi siamo fatti di atomi e molecole, così come tutto il resto di ciò che vediamo o non vediamo perché è troppo piccolo per noi.

Ecco alcuni esempi di molecole comuni:

- **Acqua (H_2O)**
  L'acqua è una delle molecole più importanti per la vita. È composta da due atomi di idrogeno e uno di ossigeno legati covalentemente. L'acqua è essenziale per tutti gli esseri viventi e copre circa il 71% della superficie terrestre.

- **Ossigeno (O_2)**
  Il gas ossigeno è fondamentale per la respirazione degli organismi viventi. Ogni molecola di ossigeno è composta da due atomi di ossigeno legati da un doppio legame covalente.

- **Anidride Carbonica (CO_2)**
  L'anidride carbonica è una molecola composta da un atomo di carbonio legato a due atomi di

ossigeno. È un prodotto della respirazione degli animali e della combustione dei combustibili fossili.

- **Glucosio ($C_6H_{12}O_6$)**
  Il glucosio è una molecola di zucchero semplice che fornisce energia agli organismi viventi. È formato da sei atomi di carbonio, dodici di idrogeno e sei di ossigeno.

- **Proteine**
  Le proteine sono molecole complesse composte da lunghe catene di amminoacidi. Sono essenziali per la struttura, la funzione e la regolazione delle cellule del corpo. Le proteine svolgono una vasta gamma di funzioni biologiche, tra cui la catalisi delle reazioni chimiche (enzimi), il trasporto di molecole e la costruzione delle cellule.

4.6. Le Macromolecole

Una macromolecola è una molecola molto grande, solitamente composta da migliaia o milioni di atomi. Le macromolecole sono essenziali per la struttura e la funzione degli organismi viventi e sono anche di fondamentale importanza in molti materiali sintetici.

Caratteristiche principali delle Macromolecole:

- Dimensione: Le macromolecole sono significativamente più grandi delle molecole comuni. Possono avere pesi molecolari che vanno da poche migliaia a diversi milioni di unità di massa atomica (Da).

- Struttura: Possono avere strutture lineari, ramificate o reticolari e possono formare complessi tridimensionali.

- Funzionalità: Le macromolecole possono esibire una vasta gamma di proprietà chimiche e fisiche grazie alla loro dimensione e complessità.

Esempi di Macromolecole:

- **Polimeri Naturali:**

Proteine: Polimeri di amminoacidi che svolgono numerose funzioni biologiche, incluse quelle enzimatiche, strutturali e di trasporto.

Acidi Nucleici: DNA e RNA, polimeri di nucleotidi che contengono e trasmettono l'informazione genetica.

Carboidrati: Polisaccaridi come l'amido e la cellulosa, utilizzati per l'energia e la struttura nelle piante.

- **Polimeri Sintetici:**

Polietilene: Utilizzato in borse di plastica e materiali da imballaggio.

Polipropilene: Usato in tessuti sintetici e contenitori di plastica.

Polistirene: Utilizzato per imballaggi, contenitori per alimenti e materiali isolanti.

Le macromolecole sono essenziali in molti campi, inclusa la biologia, la medicina, la chimica dei materiali e l'ingegneria.

In biologia, ad esempio, le macromolecole come le proteine e gli acidi nucleici sono fondamentali per le strutture cellulari e le funzioni biologiche.

Nei materiali sintetici, i polimeri macromolecolari hanno rivoluzionato la produzione di plastica, fibre sintetiche e altri materiali innovativi.

Esercizi

1. Rispondi correttamente alle seguenti domande:

A. Quanti atomi ci vogliono per formare una molecola?
- *almeno 2*
- *almeno 3*
- *almeno 4*

B. Quale tra i seguenti NON è un legame chimico?
- *Metallico*
- *Ionico*
- *Dorico*

C. Uno ione con carica positiva è detto:
- *Anione*
- *Catione*
- *Luca*

D. NON è un composto ionico:
- *Cloruro di Sodio*
- *Ossido di Magnesio*
- *Ferro*

E. NON è una molecola:
- *Idrogeno*
- *Ossigeno*
- *Acqua*

F. È la formula dell'ossigeno:

- *CO_2*
- *O_2*
- *H_2O*

Soluzioni

Es. 1:

A = almeno 2
B = dorico
C = catione
D = ferro
E = idrogeno
F = O_2

CAPITOLO 5: STATI DI AGGREGAZIONE DELLA MATERIA E CAMBIAMENTI DI STATO

5.1. Solidi, Liquidi e Gas

La materia esiste in tre stati principali: SOLIDO, LIQUIDO E GAS. Ogni stato ha caratteristiche uniche che dipendono dalla disposizione e dal movimento delle particelle che compongono la materia:

- **Solido**
  Nei solidi, le particelle (atomi o molecole) sono strettamente legate tra loro in una struttura rigida e ordinata. Questa disposizione conferisce ai solidi una forma e un volume definiti. Esempi comuni di solidi includono il ghiaccio, il legno e il metallo.

- **Liquido**
  Nei liquidi, le particelle sono vicine tra loro ma non rigidamente vincolate come nei solidi. Le particelle possono scorrere e muoversi liberamente, permettendo ai liquidi di adattarsi alla forma del contenitore che li ospita, pur mantenendo un volume definito. Esempi di liquidi sono l'acqua, l'olio e l'alcol.

- **Gas**

  Nei gas, le particelle sono distanti tra loro e si muovono liberamente in tutte le direzioni. I gas non hanno né una forma né un volume definiti e si espandono per riempire completamente il contenitore in cui sono posti. Esempi comuni di gas includono l'ossigeno, l'anidride carbonica e il vapore acqueo.

Oltre ai suddetti vi è un'ulteriore stato, detto **PLASMA**.

Il plasma è uno stato della materia, **spesso considerato il quarto stato** oltre ai solidi, liquidi e gas. Chimicamente e fisicamente, il plasma si forma quando un gas viene riscaldato a temperature estremamente elevate o quando viene sottoposto a forti campi elettrici o magnetici. Questo provoca la ionizzazione, in cui gli atomi perdono o guadagnano elettroni, creando una miscela di ioni positivi e elettroni liberi.

Esempi di Plasma:

- Fulmini: Durante un temporale, l'energia liberata crea plasma all'interno dei fulmini.
- Neon e Luci al Plasma: Le luci al neon e altri tubi di scarica a gas utilizzano plasma per produrre luce.

Studia con attenzione la seguente infografica.

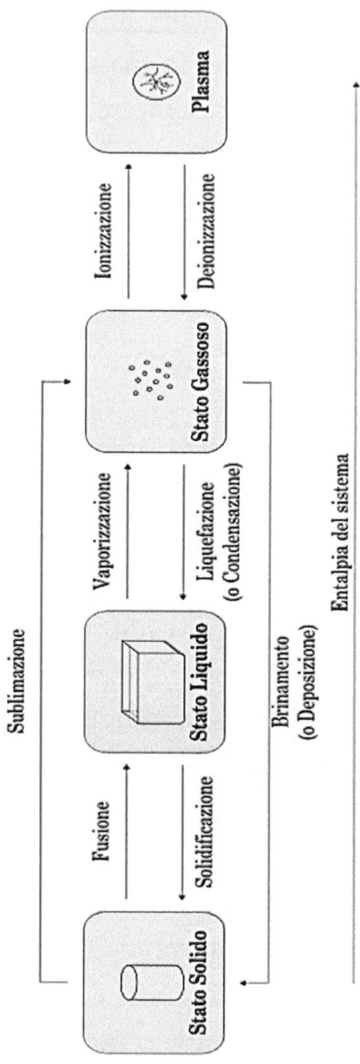

Probabilmente ti starai chiedendo cosa significhi “**Entalpia del sistema**”.

L'entalpia è una grandezza termodinamica che rappresenta il contenuto di energia di un sistema. Più precisamente, l'entalpia (H) è la somma dell'energia interna di un sistema (U) e del prodotto tra la pressione (P) e il volume (V) del sistema: $H = U + PV$
Dove:

- Energia Interna (U): Rappresenta tutta l'energia contenuta all'interno del sistema, comprese l'energia cinetica e potenziale delle molecole.
- Pressione (P) e Volume (V): Il prodotto PV rappresenta il lavoro necessario per espandere o comprimere il sistema a una data pressione.

L'entalpia è particolarmente utile perché, in molte reazioni chimiche e processi fisici che avvengono a pressione costante, il cambiamento di entalpia (ΔH) fornisce una misura dell'energia scambiata sotto forma di calore tra il sistema e l'ambiente circostante.

Se ΔH è negativo, il sistema rilascia energia sotto forma di calore (**Reazione Esotermica**).

Se ΔH è positivo, il sistema assorbe energia sotto forma di calore (**Reazione Endotermica**).

Applicazioni dell'Entalpia

- Calorimetria: Misurare ΔH in esperimenti di calorimetria per determinare il calore di reazione.
- Processi Industriali: Analizzare l'efficienza energetica nei processi industriali.
- Energia nei Cambiamenti di Stato: Studiare il calore latente nei cambiamenti di stato, come la fusione e la vaporizzazione.

5.2. Le Proprietà dei Diversi Stati della Materia

Ogni stato della materia ha proprietà specifiche che lo distinguono dagli altri.

5.2.1. Proprietà dei Solidi

- **Forma Definita**: I solidi mantengono una forma rigida e non si adattano al contenitore.
- **Volume Definito**: I solidi hanno un volume fisso che non cambia facilmente.
- **Incomprimibilità**: I solidi sono difficili da comprimere a causa della vicinanza delle particelle.
- **Rigidità**: Le particelle nei solidi sono bloccate in una struttura fissa, rendendo i solidi rigidi.

È chiaro che esistono solidi più "solidi" di altri: ad esempio il ferro è più "solido" della gomma, perché ha più spiccate le caratteristiche di cui sopra, ma entrambi questi materiali si definiscono, appunto, solidi (fino ad un eventuale cambiamento di stato, che vedremo dopo: es. fusione del ferro allo stato liquido).

Beh, ti va di scoprire un po' di solidi suddivisi in base alle caratteristiche peculiari che li accomunano?

1. **Metalli**

Caratteristiche: Conduttività elettrica e termica elevata, malleabilità, duttilità, lucentezza.

Es.

- Ferro (Fe): Utilizzato nelle costruzioni e nella fabbricazione di utensili.

- Rame (Cu): Usato nei cavi elettrici e nei circuiti elettronici.

- Alluminio (Al): Leggero e resistente alla corrosione, utilizzato nell'industria aerospaziale e negli imballaggi.

2. **Polimeri**

Caratteristiche: Flessibilità, resistenza agli agenti chimici, leggerezza.

Es.

- Polietilene (PE): Utilizzato per sacchetti di plastica, bottiglie e tubazioni.

- Polipropilene (PP): Utilizzato in contenitori per alimenti, giocattoli e componenti automobilistici.

- Polivinilcloruro (PVC): Utilizzato in tubature, finestre e pavimentazioni.

3. **Ceramiche**

Caratteristiche: Resistenza alle alte temperature, durezza, fragilità.

Es.

- Porcellana: Utilizzata per stoviglie, sanitari e isolatori elettrici.

- Silicio (Si): Utilizzato nei semiconduttori per l'elettronica e nei pannelli solari.

- Ossido di alluminio (Al_2O_3): Utilizzato in abrasivi e refrattari.

4. **Compositi**

Caratteristiche: Alta resistenza e leggerezza, proprietà specifiche combinate.

Es.

- Fibra di vetro: Utilizzata in barche, automobili e materiali sportivi.

- Fibra di carbonio: Utilizzata in applicazioni aerospaziali e sportive per la sua alta resistenza e leggerezza.

- Cemento armato: Utilizzato nelle costruzioni per la sua resistenza e durabilità.

5. **Cristalli**

Caratteristiche: Struttura ordinata e ripetitiva, spesso trasparenza e durezza.

Es.

- Diamante: Utilizzato in gioielleria e utensili da taglio per la sua durezza.

- Grafite: Utilizzata in matite e come lubrificante per la sua struttura a strati.

- Silicio (Si): Anche qui per l'elettronica, grazie alle sue proprietà semiconduttrici.

6. **Materiali Naturali**

Caratteristiche: Variabilità nelle proprietà, biodegradabilità.

Es.

- Legno: Utilizzato in costruzioni, mobili e carta.
- Pietra: Utilizzata in costruzioni, sculture e pavimentazioni.
- Cotone: Utilizzato in tessuti e abbigliamento per la sua morbidezza e traspirabilità.

7. **Vetri**

Caratteristiche: Trasparenza, fragilità, resistenza chimica.

Es.

- Vetro comune: Utilizzato in finestre, bottiglie e contenitori.

- Vetro temperato: Utilizzato in parabrezza e vetri di sicurezza per la sua resistenza agli urti.

Questi esempi mostrano la varietà e la versatilità dei materiali solidi che usiamo quotidianamente, ognuno con proprietà uniche che li rendono adatti a specifiche applicazioni.

5.2.2. Proprietà dei Liquidi

- **Adattamento alla Forma del Contenitore**: I liquidi si adattano alla forma del contenitore ma mantengono un volume fisso.

- **Volume Definito**: Come i solidi, i liquidi hanno un volume fisso.

- **Incomprimibilità**: Anche i liquidi sono difficili da comprimere, sebbene leggermente più facili dei solidi.

- **Fluidità**: Le particelle nei liquidi possono scorrere e muoversi, permettendo loro di fluire.

Anche in questo caso, tali proprietà possono variare tra loro in base alle singole caratteristiche del singolo liquido: ad esempio, l'acqua è il liquido fluido per eccellenza, mentre il miele allo stato liquido rimane molto viscoso, ossia poco liquido.

Ecco alcuni esempi di materiali liquidi, differenziati in base alle loro caratteristiche:

1. Acqua (H_2O)
Caratteristiche: Trasparente, inodore, insapore, solvente universale, alta tensione superficiale, capacità termica elevata.
Uso: Essenziale per la vita, utilizzata per bere, cucinare, lavare, irrigare e in processi industriali.

2. Olio (diversi tipi)
Caratteristiche: Viscosità variabile, insolubile in acqua, lubrificante, può avere punti di ebollizione e congelamento variabili.

- Olio d'oliva: Utilizzato in cucina e cosmesi.
- Olio motore: Utilizzato come lubrificante nei motori a combustione interna.
- Olio minerale: Utilizzato in vari processi industriali e come base per altri prodotti.

3. Alcool (etanolo, CH_3CH_2OH)
Caratteristiche: Volatile, infiammabile, miscibile con acqua, disinfettante.
Uso: Bevande alcoliche, disinfettanti medici, solventi in laboratori e industrie.

4. Acetone (CH_3COCH_3)
Caratteristiche: Solvente organico, volatile, infiammabile, miscibile con acqua.
Uso: Rimozione di smalto per unghie, pulizia industriale, solvente in laboratori chimici.

5. Mercurio (Hg)
Caratteristiche: Metallo liquido a temperatura ambiente, alta densità, alta tensione superficiale, tossico.
Uso: Termometri, barometri, lampade a vapore di mercurio, ma il suo uso è ridotto per la sua tossicità.

6. Glicerina ($C_3H_8O_3$)
Caratteristiche: Viscosa, inodore, insapore, solubile in acqua, umettante.
Uso: Cosmesi, prodotti farmaceutici, umidificanti, industria alimentare.

7. Benzina
Caratteristiche: Volatile, infiammabile, miscela complessa di idrocarburi, bassa densità.
Uso: Carburante per motori a combustione interna, solvente in processi industriali.

8. Acido solforico (H_2SO_4)
Caratteristiche: Viscosità elevata, altamente corrosivo, esotermico quando diluito con acqua.

Uso: Produzione di fertilizzanti, raffinazione del petrolio, batterie per auto, processi chimici industriali.

9. Ammoniaca (NH_3) in soluzione acquosa (ammoniaca liquida)
Caratteristiche: Soluzione basica, forte odore pungente, solubile in acqua.
Uso: Fertilizzanti, pulizia industriale, refrigerazione.

10. Solfato di rame ($CuSO_4$) soluzione acquosa
Caratteristiche: Soluzione blu, conduttore di elettricità, utilizzato nelle reazioni redox.
Uso: Elettrolisi, trattamento delle acque, fungicida, additivo alimentare per il bestiame.

5.2.3. Proprietà dei Gas

- **Forma e Volume Indefiniti**: I gas non hanno una forma o un volume fisso e si espandono per riempire il contenitore.
- **Comprimibilità**: I gas possono essere facilmente compressi perché le particelle sono distanti tra loro.
- **Espansibilità**: I gas si espandono per riempire completamente il contenitore (o si disperdono nell'aria se non racchiusi in un contenitore).
- **Fluidità**: Come i liquidi, i gas possono fluire e diffondersi rapidamente.

Anche in questo caso, esistono tanti tipi di gas, le cui caratteristiche di cui sopra possono nettamente variare. Ecco, dunque, alcuni esempi di materiali gassosi, differenziati in base alle loro caratteristiche:

1. Ossigeno (O_2)

Caratteristiche: Incolore, inodore, essenziale per la respirazione aerobica.
Uso: Respirazione degli esseri viventi, ossidazione nei processi industriali, supporto vitale negli ospedali.

2. Azoto (N_2)

Caratteristiche: Incolore, inodore, gas inerte che costituisce circa il 78% dell'atmosfera terrestre.

Uso: Produzione di ammoniaca, conservazione degli alimenti (atmosfera modificata), gas di riempimento negli pneumatici.

3. Anidride Carbonica (CO_2)

Caratteristiche: Incolore, inodore a basse concentrazioni, produce una sensazione di soffocamento a concentrazioni elevate.

Uso: Bevande gassate, estintori, fotosintesi nelle piante, gas refrigerante nei sistemi di refrigerazione.

4. Metano (CH_4)

Caratteristiche: Incolore, inodore (in natura, ma odorizzato artificialmente per la sicurezza), altamente infiammabile.

Uso: Combustibile per riscaldamento e cucine, produzione di elettricità, materia prima nell'industria chimica.

5. Idrogeno (H_2)

Caratteristiche: Incolore, inodore, gas più leggero e altamente infiammabile.

Uso: Produzione di ammoniaca, fuel per celle a combustibile, gonfiaggio di palloni aerostatici (anche se l'elio è preferito per sicurezza).

6. Elio (He)
Caratteristiche: Incolore, inodore, gas nobile, non infiammabile, secondo gas più leggero dopo l'idrogeno.
Uso: Gonfiaggio di palloncini e dirigibili, raffreddamento dei magneti superconduttori nelle apparecchiature mediche (MRI), protezione nei processi di saldatura.

7. Argon (Ar)
Caratteristiche: Incolore, inodore, gas nobile, altamente inerte.
Uso: Atmosfera protettiva nella saldatura, riempimento di lampadine a incandescenza per prevenire l'ossidazione del filamento, produzione di semiconduttori.

8. Freon (CFC-12, CCl_2F_2)
Caratteristiche: Incolore, volatile, stabile, gas refrigerante (storicamente molto usato).
Uso: Utilizzato come refrigerante nei sistemi di climatizzazione e refrigerazione (anche se il suo uso è stato limitato a causa del suo impatto sull'ozono).

9. Ossido di Azoto (N_2O)
Caratteristiche: Incolore, leggero odore dolciastro, noto anche come "gas esilarante".
Uso: Anestetico in medicina e odontoiatria, propellente negli aerosol alimentari (come la panna montata), miglioramento delle prestazioni nei motori.

10. Ammoniaca (NH_3)
Caratteristiche: Incolore, odore pungente, solubile in acqua, irritante.
Uso: Produzione di fertilizzanti, refrigerazione, detergenti per la pulizia domestica e industriale.

Questi esempi illustrano la diversità dei materiali gassosi e le loro varie applicazioni nella vita quotidiana e nell'industria.

Ad esempio, nell'acqua gasata (o frizzante, effervescente) vi è presente anidride carbonica, che è visibile tramite le bollicine di gas. Quando apri la bottiglia, specialmente se la agiti prima eccitando le particelle di gas, l'anidride carbonica fuoriesce vistosamente, facendo "sgasare" l'acqua. La stessa cosa avviene con la Coca Cola o lo spumante, laddove agitando la bottiglia e stappandola, il gas fuoriesce insieme al liquido in **forma schiumosa**.

Ma come si può definire questo stato "ibrido"?

5.2.3.1. La Schiuma

Da un punto di vista chimico, **lo stato schiumoso può essere definito come un sistema colloidale in cui una fase gas è dispersa in una fase liquida**. Questo stato particolare è caratterizzato dalla **presenza di bollicine di gas intrappolate all'interno del liquido**, formando una struttura leggera e spugnosa.

Ecco alcuni punti chiave per comprendere meglio lo stato schiumoso:

- **Fase Dispersa**: La fase dispersa è costituita da bollicine di gas.

- **Fase Continua**: La fase continua è il liquido che circonda le bollicine di gas.

- **Tensione Superficiale**: La stabilità delle schiume dipende dalla tensione superficiale del liquido. Gli agenti tensioattivi, come i saponi o i detergenti, abbassano la tensione superficiale, facilitando la formazione e la stabilità delle schiume.

- **Struttura e Stabilità**: La schiuma è formata da una rete di bolle interconnesse. La stabilità delle bolle dipende dalla viscosità del liquido e dalla presenza di agenti stabilizzanti, che impediscono alle bolle di unirsi e collassare.

Esempi di Schiume:

- **Schiuma da Barba**: Contiene bolle di gas intrappolate in una matrice di sapone liquido.
- **Panna Montata**: È una schiuma dove l'aria è incorporata nella panna, stabilizzata dalla presenza di grassi.
- **Spuma del Mare**: Formata da bolle di gas nell'acqua marina, spesso stabilizzata da materiali organici e sali presenti nell'acqua.

Le schiume possono formarsi attraverso vari processi, come:

- **Agitazione Meccanica**: L'agitazione di un liquido con un gas, come agitare una soluzione saponosa, crea schiuma.
- **Reazioni Chimiche**: Alcune reazioni chimiche producono gas come sottoprodotti, generando schiuma. Ad esempio, la reazione tra bicarbonato

di sodio e acido citrico produce anidride carbonica, formando schiuma.

CURIOSITÀ: La caramella Mentos nella Coca Cola...

Quante volte su YouTube e sui social avrai visto il filmatino della Mentos immersa in una bottiglia di Coca Cola, che genera una vera e propria eruzione di schiuma?!

Nota: EVITA DI FARLO ANCHE TU!

Voglio spiegarti chimicamente questo bizzarro fenomeno.

Dunque, tale esperimento è un perfetto esempio di come un cambiamento fisico (rilascio di CO_2) può essere accelerato da fattori chimici (superficie delle Mentos e tensione superficiale).

Come dicevamo, la Coca-Cola (come molte altre bibite gassate) contiene **anidride carbonica (CO_2)** dissolta sotto pressione. Quando la bottiglia è chiusa, la pressione mantiene la CO_2 in soluzione, ma quando viene aperta, parte del gas fuoriesce creando le bollicine.

Le caramelle Mentos hanno una superficie rugosa, ricoperta di piccoli pori, chiamati "*nucleation sites*" (**siti di nucleazione**), che facilitano la formazione di bolle di gas.

Quando le Mentos vengono inserite nella Coca-Cola, le piccole irregolarità sulla superficie delle Mentos agiscono come nucleation sites, ovvero punti in cui le bollicine di CO_2 possono formarsi rapidamente. Più nucleation sites ci sono, più bolle possono formarsi simultaneamente.

La superficie delle Mentos è rivestita con un agente tensioattivo che riduce la tensione superficiale della Coca-Cola. Questo facilita ulteriormente il rilascio della CO_2 dalla soluzione.

A causa del grande numero di *nucleation sites* e della riduzione della tensione superficiale, la CO_2 disciolta nella Coca-Cola viene rapidamente liberata. Le bolle di gas si formano in massa e salgono rapidamente verso l'alto.

Effetto Geyser: La liberazione rapida e massiccia delle bolle di CO_2 crea una pressione interna notevole, spingendo il liquido verso l'alto con forza, risultando in un getto spettacolare simile a un geyser.

Fattori che Influenzano l'Eruzione:

- Temperatura: L'acqua calda può favorire la reazione perché le bolle si formano più facilmente in un liquido caldo.

- Tipo di Bibita: Anche se la Coca-Cola è comune per questo esperimento, altre bibite gassate funzionano ugualmente bene. La quantità di CO_2 disciolta e la presenza di dolcificanti artificiali (come l'aspartame) possono influenzare l'intensità dell'eruzione.

Approfondimento: La Nucleazione

Abbiamo appena parlato dei *nucleation sites*, che favoriscono la nucleazione. Ma cerchiamo di capire meglio di cosa si tratta.

La nucleazione è il processo attraverso il quale avviene la formazione di nuove fasi (solida, liquida o gassosa) in un materiale.

Si tratta del punto di partenza per la formazione di bolle di gas, cristalli solidi o gocce liquide in un'altra fase.

Esistono due tipi principali di nucleazione:

- **Nucleazione Omogenea**: Si verifica quando le particelle della nuova fase si formano uniformemente nel materiale senza la presenza di superfici esterne o impurità. Questo tipo di nucleazione richiede condizioni energetiche specifiche.

- **Nucleazione Eterogenea**: Avviene quando le particelle della nuova fase si formano su superfici preesistenti, come impurità, particelle di polvere o irregolarità superficiali. Questo tipo di nucleazione è più comune perché richiede meno energia.

Invece, **i nucleation sites sono punti specifici o superfici in cui le particelle della nuova fase iniziano a formarsi**.

Questi siti possono essere causati da:

- Impurità: Piccole particelle di polvere o altre sostanze estranee.
- Irregolarità Superficiali: Rugosità o protuberanze su una superficie.
- Interazioni Chimiche: Specifiche interazioni chimiche tra materiali diversi.

5.3. Fase vs Stato di Aggregazione

A seconda dello stato di aggregazione della materia, si può parlare di "**fase solida**", "**fase liquida**" o "**fase aeriforme**".

È importante non confondere i concetti di "fase" e "stato di aggregazione": un sistema può trovarsi in un certo stato di aggregazione ma presentare più fasi.

Ad esempio, nei liquidi immiscibili come acqua e olio, entrambi si trovano nello stato liquido, ma costituiscono due fasi distinte. Mi spiego meglio...
Quando parliamo di liquidi immiscibili come acqua e olio, intendiamo che questi due liquidi non si mescolano tra loro, ergo, **nonostante entrambi si trovino nello stato liquido, formano due fasi distinte**.

Pertanto...

- **Stato di Aggregazione**: Indica la forma fisica in cui si trova una sostanza, ovvero solido, liquido o gas. Sia l'acqua sia l'olio sono in forma liquida, quindi hanno lo stesso stato di aggregazione.

- **Fase**: Una fase è una porzione omogenea di un sistema con proprietà fisiche e chimiche uniformi. Anche se acqua e olio sono entrambi liquidi, le loro proprietà (come la densità, la polarità, ecc.) sono diverse, creando due fasi separate.

Esempio Pratico:
Immagina di versare dell'olio in un bicchiere d'acqua. L'olio non si dissolve nell'acqua, invece, forma uno strato sopra l'acqua. Questo accade perché l'olio e l'acqua hanno differenze chimiche e fisiche che impediscono loro di mischiarsi:

- Acqua: Polare e più densa, tende a rimanere sotto.
- Olio: Non polare e meno denso, tende a formare uno strato sopra l'acqua.

Quindi, ***anche se entrambi i liquidi sono nello stesso stato di aggregazione (liquido), si separano in due fasi distinte, visibili come due strati non mescolabili***. Questa distinzione di fase è dovuta alle diverse proprietà molecolari che non permettono loro di formare una miscela omogenea.

5.3.1. Il Sistema: Sistema Omogeneo vs. Eterogeneo

Nel paragrafo precedente abbiamo parlato di "sistema". Vediamo meglio di cosa si tratta.

Innanzitutto, riallacciandoci al discorso di cui sopra, **un sistema è detto omogeneo se è costituito da una singola fase, mentre un sistema eterogeneo è composto da più fasi.**

Ergo:

- **Sistema Omogeneo**: Composto da una sola fase. Ad esempio, un bicchiere di acqua pura.

- **Sistema Eterogeneo**: Composto da più fasi. Ad esempio, un bicchiere contenente sia acqua che olio. Come detto, infatti, quando l'olio viene versato in un contenitore con acqua, forma uno strato separato sulla superficie dell'acqua.

Ma, senza dare nulla per scontato, facciamo un passo indietro, per capire meglio cosa si intende per "SISTEMA" …

Nel contesto della chimica (e della fisica), **un "sistema" è una parte dell'universo che viene osservata o studiata, separata dal resto dell'universo (chiamato**

"ambiente") da dei confini che possono essere reali o immaginari.

Esistono diversi tipi di sistemi in base a come interagiscono con l'ambiente:

1. **Sistemi Isolati**
   Definizione: Non scambiano né materia né energia con l'ambiente.
   Esempio: Un thermos perfetto che non lascia entrare o uscire calore o materia.

2. **Sistemi Chiusi**
   Definizione: Scambiano energia ma non materia con l'ambiente.
   Esempio: Una pentola chiusa che può trasferire calore ma non lascia entrare o uscire vapore.

3. **Sistemi Aperti**
   Definizione: Scambiano sia materia che energia con l'ambiente.
   Esempio: Una tazza di caffè fumante che rilascia vapore e calore nell'ambiente.

Lo stato di un sistema è determinato dalle sue proprietà fisiche e chimiche, come temperatura, pressione, volume e composizione chimica. Queste proprietà descrivono le condizioni del sistema in un dato momento.

Infine, come discusso prima, **una fase è una porzione omogenea di un sistema con proprietà fisiche e chimiche uniformi.** Un sistema può essere in uno stato di aggregazione (solido, liquido, gassoso) e avere una o più fasi, come nei liquidi immiscibili (es. olio e acqua).

Esempio Pratico:

Immagina di avere un bicchiere d'acqua con cubetti di ghiaccio. Si potranno verificare tre condizioni a seconda del tipo di sistema:

- Sistema Isolato: Se il bicchiere è perfettamente isolato, né il calore né la materia entrano o escono. La fusione del ghiaccio avviene solo con l'energia interna.

- Sistema Chiuso: Se il bicchiere permette il passaggio del calore ma non della materia, il ghiaccio si scioglie se il bicchiere viene riscaldato.

- Sistema Aperto: Se il bicchiere è esposto all'aria, può scambiare calore e materia (ad esempio, il vapore acqueo può evaporare).

In conclusione, il concetto di sistema aiuta a semplificare e concentrare l'analisi su una parte specifica dell'universo, facilitando lo studio delle interazioni energetiche e materiche. Che si tratti di un esperimento di laboratorio o di un fenomeno naturale, comprendere i diversi tipi di sistemi e le loro interazioni con l'ambiente è fondamentale in molte discipline scientifiche.

5.4. Esperimenti Semplici: Trasformare l'Acqua in Ghiaccio e Vapore

Ecco alcuni esperimenti semplici che puoi fare a casa per osservare i cambiamenti di stato dell'acqua:

1. Esperimento: Trasformare l'Acqua in Ghiaccio

Occorrente:

- *Acqua*
- *Congelatore*
- *Contenitore per cubetti di ghiaccio*

Procedimento:

Riempi il contenitore per cubetti di ghiaccio con acqua.

Metti il contenitore nel congelatore.

Attendi alcune ore fino a quando l'acqua si trasforma in ghiaccio.

Spiegazione:
Il raffreddamento dell'acqua fa rallentare il movimento delle particelle fino a che si dispongono in una struttura ordinata, formando il ghiaccio (stato solido).

2. Esperimento: Trasformare l'Acqua in Vapore

Occorrente:

- *Acqua*
- *Pentola*
- *Fornello*

Procedimento:

Riempi una pentola con acqua e mettila sul fornello.

Scalda l'acqua fino a farla bollire.

Osserva il vapore acqueo che si forma sopra la pentola.

Spiegazione:
Il riscaldamento dell'acqua fa aumentare l'energia cinetica delle particelle, facendole muovere rapidamente e trasformandole in vapore (stato gassoso).

5.4. Le meraviglie dei Cambiamenti di Stato

I cambiamenti di stato della materia sono fenomeni affascinanti che dimostrano le **transizioni tra solido, liquido e gas**.

5.4.1. Esempi di cambiamento di stato tramite transizioni chimiche

Ecco alcuni esempi pratici di cambiamenti di stato con transizioni tra solido, liquido e gas, spiegati in modo semplice.

1. **Fusione: da Solido a Liquido**
Esempio: Ghiaccio che si scioglie in acqua.
Cosa succede: Quando il ghiaccio viene riscaldato, le molecole d'acqua che formano il ghiaccio iniziano a vibrare più velocemente. Alla temperatura di fusione (0°C per l'acqua), le molecole hanno abbastanza energia per rompere i legami che le tengono insieme in una struttura rigida. Questo porta il ghiaccio a fondersi e diventare acqua liquida.

2. **Solidificazione: da Liquido a Solido**
Esempio: Acqua che si congela in ghiaccio.
Cosa succede: Quando l'acqua viene raffreddata, le molecole rallentano. Alla temperatura di congelamento (0°C per l'acqua), le molecole si muovono così lentamente che

formano legami stabili tra loro, creando una struttura rigida. Questo porta l'acqua a solidificarsi e diventare ghiaccio.

3. Evaporazione: da Liquido a Gas

Esempio: Acqua che evapora.

Cosa succede: Quando l'acqua viene riscaldata, alcune molecole d'acqua alla superficie guadagnano abbastanza energia per rompere i legami con le altre molecole e passare allo stato gassoso. Questo processo continua fino a che l'acqua non si trasforma completamente in vapore acqueo. L'evaporazione avviene anche a temperatura ambiente, ma più lentamente.

4. Condensazione: da Gas a Liquido

Esempio: Vapore acqueo che si condensa in gocce di acqua su una superficie fredda.

Cosa succede: Quando il vapore acqueo viene raffreddato, le molecole di gas perdono energia. Quando la temperatura scende sotto il punto di condensazione, le molecole rallentano abbastanza da formare legami con altre molecole d'acqua, tornando allo stato liquido. Questo è il motivo per cui si formano gocce d'acqua su una finestra fredda.

5. Sublimazione: da Solido a Gas

Esempio: Ghiaccio secco che sublima in anidride carbonica gassosa.

Cosa succede: Il ghiaccio secco è anidride carbonica solida. Quando viene esposto all'aria a temperatura ambiente, le molecole di CO_2 guadagnano abbastanza energia per passare direttamente dallo stato solido a quello gassoso senza passare attraverso lo stato liquido. È un processo più raro in natura.

6. Deposizione: da Gas a Solido

Esempio: Formazione di brina sul vetro in una mattina fredda.

Cosa succede: Quando il vapore acqueo nell'aria entra in contatto con una superficie molto fredda, le molecole perdono energia rapidamente. Se la temperatura è abbastanza bassa, le molecole si legano tra loro formando cristalli di ghiaccio direttamente dallo stato gassoso, senza passare per lo stato liquido.

Questi esempi mostrano come l'energia delle molecole e le interazioni tra loro determinano i cambiamenti di stato.

Esercizi

1. Rispondi correttamente alle seguenti domande:

A. È considerato il quarto stato della materia:

- *Plasma*
- *Schiuma*
- *Gas*

B: Rappresenta il contenuto di energia di un sistema:

- *Entropia*
- *Entalpia*
- *Edonia*

C: È una ceramica:

- *L'ossido di alluminio*
- *La fibra di vetro*
- *Il silicio*

D: I sistemi chiusi…

- *Non scambiano né materia né energia con l'ambiente*
- *Scambiano energia ma non materia con l'ambiente*
- *Scambiano sia materia che energia con l'ambiente*

E: La sublimazione è:

- *Il passaggio dallo stato liquido a quello gassoso*
- *Il passaggio dallo stato gassoso a quello solido*
- *Il passaggio dallo stato solido a quello gassoso*

F: è un esempio di solidificazione:

- *Il vapore che si condensa*
- *La formazione di brina*
- *L'acqua che si congela*

Soluzioni

Es. 1:

A = Plasma
B = Entalpia
C = L'ossido di alluminio
D = Scambiano energia ma non materia con l'ambiente
E = Il passaggio dallo stato solido a quello gassoso
F = L'acqua che si congela

CAPITOLO 6: LE REAZIONI CHIMICHE

6.1. Cosa sono le Reazioni Chimiche?

Le reazioni chimiche sono processi nei quali una o più sostanze chimiche (i **reagenti**) si trasformano in nuove sostanze (i **prodotti**).

Durante una REAZIONE CHIMICA, i legami tra gli atomi nei reagenti si rompono e si formano nuovi legami, portando alla creazione di nuovi composti.

Le reazioni chimiche sono fondamentali per la vita e per molti processi tecnologici e industriali. Si possono riconoscere perché di solito si manifestano con cambiamenti visibili, come il cambiamento di colore, la produzione di gas o il rilascio di energia sotto forma di calore o luce.

Hai mai pensato a quante reazioni chimiche avvengono nel nostro stesso corpo?

Beh, pensa semplicemente a ciò che ingeriamo, digeriamo ed infine espelliamo.

6.2. Tipi di Reazioni Chimiche

Le reazioni chimiche possono essere classificate in diversi tipi principali:

1. Reazioni di SINTESI

Nelle reazioni di sintesi, due o più sostanze semplici si combinano per formare una sostanza più complessa.

Esempio: $A+B \rightarrow AB$

Esempio pratico: La formazione dell'acqua, dall'idrogeno e dall'ossigeno: $2H_2 + O_2 \rightarrow 2H_2O$

2. Reazioni di DECOMPOSIZIONE

Nelle reazioni di decomposizione, una sostanza complessa si divide in due o più sostanze più semplici.

Esempio: $AB \rightarrow A+B$

Esempio pratico: La decomposizione del perossido di idrogeno in acqua e ossigeno: $2H_2O_2 \rightarrow 2H_2O + O_2$

3. Reazioni di SPOSTAMENTO

Nelle reazioni di spostamento semplice, un elemento sostituisce un altro in un composto.

Esempio: $A+BC \rightarrow AC+B$

Esempio pratico: La reazione tra zinco e acido cloridrico per formare cloruro di zinco e idrogeno:

$Zn + 2HCl \rightarrow ZnCl_2 + H_2$

4. Reazioni di Doppio Scambio

Nelle reazioni di doppio scambio, gli ioni di due composti scambiano i loro partner per formare due nuovi composti. **Esempio:** $AB + CD \rightarrow AD + CB$

Esempio pratico: La reazione tra nitrato d'argento e cloruro di sodio per formare cloruro d'argento e nitrato di sodio:

$AgNO_3 + NaCl \rightarrow AgCl + NaNO_3$

5. Reazioni di Combustione

Nelle reazioni di combustione, un composto (spesso un idrocarburo) reagisce con l'ossigeno per produrre anidride carbonica e acqua, rilasciando energia sotto forma di calore e luce. **Esempio:** $C_xH_y + O_2 \rightarrow CO_2 + H_2O$

Esempio pratico: La combustione del metano:

$CH_4 + 2O_2 \rightarrow CO_2 + 2H_2O$

6.3. Equilibrio Chimico

L'equilibrio chimico è uno stato dinamico raggiunto da una reazione chimica in cui le velocità delle reazioni dirette e inverse sono uguali, portando a concentrazioni dei reagenti e dei prodotti che rimangono costanti nel tempo.

Ergo: **l'equilibrio chimico descrive uno stato in cui le concentrazioni rimangono costanti nel tempo**.

Raggiungimento dell'Equilibrio

L'equilibrio chimico viene raggiunto quando le velocità delle reazioni diretta e inversa sono uguali.
Questo non significa che le concentrazioni dei reagenti e dei prodotti siano uguali, ma piuttosto che le loro concentrazioni non cambiano nel tempo.

Costante di Equilibrio (K)

L'equilibrio chimico è descritto dalla costante di equilibrio (K), che è data dal rapporto tra le concentrazioni dei prodotti e dei reagenti, ciascuna elevata al proprio coefficiente stechiometrico.

Principio di Le Chatelier

Il principio di Le Chatelier afferma che se un sistema in equilibrio viene perturbato da un cambiamento di concentrazione, pressione o temperatura, il sistema si aggiusterà per minimizzare quel cambiamento e ristabilire l'equilibrio.

6.3.1. Reversibilità di una Reazione

Quando una reazione chimica avviene, i reagenti si trasformano in prodotti. Altresì, **alcune reazioni sono reversibili, il che significa che i prodotti possono reagire tra loro per riformare i reagenti**.

Ad esempio, consideriamo la seguente reazione reversibile: **A+B ⇌ C+D**
All'inizio, la reazione diretta (A+B → C+D) avviene rapidamente perché ci sono molte molecole di reagenti disponibili. Col tempo, mentre i prodotti (C e D) si accumulano, la reazione inversa (C+D → A+B) diventa più significativa.

In una **reazione reversibile**, si raggiunge un **equilibrio dinamico** quando le velocità della reazione diretta e di quella inversa sono uguali. Questo significa che, a livello macroscopico, le concentrazioni dei reagenti e dei prodotti rimangono costanti nel tempo, anche se le reazioni continuano a verificarsi a livello microscopico.

L'importanza della Reversibilità in chimica è dettata dai seguenti motivi:

- **Equilibrio Chimico**: La reversibilità delle reazioni è essenziale per il concetto di equilibrio chimico, dove il sistema raggiunge uno stato in cui le concentrazioni di reagenti e prodotti non cambiano nel tempo.
- **Processi Biologici**: Molti processi biologici, come la respirazione cellulare e la fotosintesi, coinvolgono reazioni reversibili.
- **Industria Chimica**: La comprensione delle reazioni reversibili è cruciale per ottimizzare i processi industriali, come la produzione di ammoniaca nel processo Haber-Bosch.

Condizioni per la Reversibilità

Non tutte le reazioni chimiche sono reversibili. **La reversibilità dipende da vari fattori**:

- **Energetici**: La differenza di energia tra i reagenti e i prodotti può influenzare la reversibilità.
- **Cinetici**: Le barriere energetiche che devono essere superate per invertire la reazione.
- **Termodinamici**: Le condizioni di temperatura e pressione possono favorire la direzione di una reazione rispetto all'altra.

6.4. Esempi di Reazioni Quotidiane

Le reazioni chimiche sono ovunque intorno a noi e svolgono ruoli cruciali nella nostra vita quotidiana.

Ecco alcuni esempi:

- **Cottura degli Alimenti**

Quando cucini, avvengono molte reazioni chimiche che trasformano gli ingredienti. Ad esempio, quando cuoci il pane, il lievito fermenta gli zuccheri formando anidride carbonica e alcol, che fanno lievitare l'impasto. Inoltre, durante la cottura, la *Reazione di Maillard*, tra zuccheri e proteine, crea una crosta dorata e gustosa.

- **Combustione**

Quando bruci legna nel camino o accendi una candela, stai assistendo a una reazione di combustione. Nel caso della candela, la cera (un idrocarburo) reagisce con l'ossigeno dell'aria per formare anidride carbonica e acqua, rilasciando calore e luce.

- **Reazione Acido-Base**

Quando prendi una compressa effervescente, questa reagisce con l'acqua per produrre gas anidride carbonica. Questo è un esempio di reazione acido-base, dove un acido (come l'acido citrico) reagisce con una base (come il bicarbonato di sodio) per formare un sale, acqua e anidride carbonica.

6.5. Laboratorio a Casa: Sperimentiamo con il Bicarbonato e l'Aceto

Ecco un semplice esperimento: Reazione Chimica con Bicarbonato di Sodio e Aceto

Occorrente:

- *Bicarbonato di sodio*
- *Aceto*
- *Un bicchiere o una bottiglia*
- *Un cucchiaio*

Procedimento:

Versa una quantità di aceto nel bicchiere o nella bottiglia.

Aggiungi un cucchiaio di bicarbonato di sodio all'aceto.

Osserva la reazione che avviene: noterai una frizzante effervescenza e la formazione di molte bolle.

Spiegazione Chimica: Il bicarbonato di sodio ($NaHCO_3$) è una base, mentre l'aceto contiene acido acetico (CH_3COOH). Quando vengono mescolati, avviene una reazione acido-base che produce anidride carbonica (CO_2), acqua (H_2O) e acetato di sodio (CH_3COONa).

La reazione può essere rappresentata come segue:

$$NaHCO_3 + CH_3COOH \rightarrow CO_2 + H_2O + CH_3COONa$$

Questa effervescenza e le bolle che vedi sono dovute al rilascio di anidride carbonica, simile a quanto avviene in una bevanda gassata.

CURIOSITÀ: Chimica di una scorreggia

Quando facciamo una scorreggia (o flatulenza), avviene un processo chimico interessante nel nostro corpo. Provo a fartene una spiegazione dettagliata.

1. Processo di Digestione e Formazione del Gas

- Ingestione del Cibo: Quando mangiamo, il cibo entra nel nostro stomaco dove inizia la digestione. Gli enzimi e i succhi gastrici rompono il cibo in parti più piccole.

- Intestino Tenue: Il cibo digerito passa poi nell'intestino tenue, dove ulteriori enzimi lo scompongono in nutrienti che vengono assorbiti nel flusso sanguigno.

- Intestino Crasso: Il materiale non digerito e i residui raggiungono l'intestino crasso. Qui, i batteri presenti nel colon continuano a decomporre il materiale.

2. Produzione del Gas

Durante la decomposizione del cibo nell'intestino crasso, i batteri fermentano i carboidrati non digeriti. Questo processo di fermentazione produce vari gas come sottoprodotto.

I gas principali coinvolti sono:

- **Anidride Carbonica (CO_2)**
- **Metano (CH_4)**
- **Idrogeno (H_2)**

3. Ingestione di Aria

Inoltre, parte del gas nello stomaco e nell'intestino proviene dall'aria che ingeriamo mentre mangiamo o beviamo. Questa aria contiene principalmente **azoto (N_2)** e **ossigeno (O_2)**.

4. Eliminazione del Gas

I gas prodotti e l'aria ingerita devono essere eliminati dal corpo, altrimenti a lungo andare esploderemmo! Vengono così spinti attraverso l'intestino e vengono espulsi dal retto sotto forma di flatulenza (la comune puzzetta). Questo processo è guidato dalle contrazioni muscolari delle pareti intestinali.

Composizione della Flatulenza

La flatulenza è composta da una miscela di gas:

- **Azoto (N_2)**
- **Ossigeno (O_2)**
- **Anidride Carbonica (CO_2)**
- **Idrogeno (H_2)**
- **Metano (CH_4)**
- **Gas Traccia**: Piccole quantità di composti solforati, come il **solfuro di idrogeno (H_2S)** e il **metilmercaptano (CH_3SH)**, che possono contribuire all'odore.

Fattori che Influenzano la Flatulenza

Diversi fattori possono influenzare la quantità e la composizione del gas prodotto:

- *Dieta: Alimenti ricchi di fibre, zuccheri complessi e amidi (come i fagioli, il cavolo e le patate) possono aumentare la produzione di gas.*

- *Microbiota Intestinale: La composizione e l'attività dei batteri intestinali variano tra le persone, influenzando la fermentazione e la produzione di gas.*

- *Digestione: Problemi digestivi o intolleranze alimentari (come l'intolleranza al lattosio) possono aumentare la produzione di gas.*

In sintesi, **una scorreggia è il risultato di processi chimici e biologici che avvengono nel nostro sistema digestivo**. La fermentazione dei carboidrati non digeriti da parte dei batteri intestinali produce gas, che vengono poi espulsi dal corpo.

Sebbene possa essere un argomento divertente o imbarazzante, la flatulenza è un fenomeno naturale e importante per la nostra salute.

Esercizi

1. Rispondi correttamente alle seguenti domande:

A: Cosa sono le reazioni chimiche?

- *Processi in cui un elemento si trasforma in un altro elemento.*
- *Processi in cui una o più sostanze si trasformano in nuove sostanze.*
- *Processi in cui un atomo si trasforma in molecola.*

B: Cosa descrive l'equilibrio chimico?

- *Uno stato in cui le reazioni non rimangono costanti nello spazio.*
- *Uno stato in cui le concentrazioni si trasformano nel tempo.*
- *Uno stato in cui le concentrazioni rimangono costanti nel tempo.*

C: Durante la digestione, dove si produce il gas?

- *Nello stomaco*
- *Nell'intestino tenue*
- *Nell'intestino crasso*

D: Quale sostanza NON è presente in una flatulenza?

- *Il metano*
- *L'elio*
- *L'idrogeno*

E: Quale tra le seguenti affermazioni è vera?

- *Quando una reazione chimica avviene, i solventi si trasformano in prodotti.*
- *Quando una reazione chimica avviene, i reagenti non si trasformano in prodotti.*
- *Quando una reazione chimica avviene, i reagenti si trasformano in prodotti.*

F: Con quale lettera si definisce la costante di equilibrio?

- *C*
- *X*
- *K*

Soluzioni

Es. 1:

A = Processi in cui una o più sostanze si trasformano in nuove sostanze
B = Uno stato in cui le concentrazioni rimangono costanti nel tempo.
C = Nell'intestino crasso
D = L'elio
E = Quando una reazione chimica avviene, i reagenti si trasformano in prodotti.
F = K

CAPITOLO 7: MISCELE (SOLUZIONI vs SOSPENSIONI)

7.1. Acqua e Soluzioni

L'ACQUA è spesso chiamata il "SOLVENTE UNIVERSALE" perché può sciogliere molte sostanze diverse, creando soluzioni.

Una SOLUZIONE è una MISCELA OMOGENEA in cui una o più sostanze (i SOLUTI) sono disciolte in un'altra sostanza (il SOLVENTE).

In una soluzione acquosa, l'acqua è il solvente.

Esempio: Sale (soluto) disciolto in acqua (solvente) forma una soluzione salina.

Ma non tutte le sostanze si sciolgono nell'acqua come il sale o lo zucchero a formare una miscela omogena detta soluzione; in caso contrario, infatti, se una sostanza non è solubile, non otterremo una soluzione (ossia una miscela omogena), bensì una miscela eterogena detta "sospensione".

7.1.1. Solventi + Soluti = Soluzioni

Ecco alcuni esempi di solventi e soluti, che illustrano come diverse sostanze possano sciogliersi in vari solventi, formando miscele.

Esempi di Solventi:

- **Acqua (H_2O)**
  Caratteristiche: Solvente universale, polarità elevata, incolore, inodore. Esempi di soluti: Sale ($NaCl$), zucchero ($C_6H_{12}O_6$), alcol (CH_3CH_2OH), acido acetico (CH_3COOH).

- **Etanolo (CH_3CH_2OH)**
  Caratteristiche: Solvente organico, miscibile con acqua, infiammabile. Esempi di soluti: Iodio (I_2), acido acetilsalicilico (aspirina, $C_9H_8O_4$), olio essenziale, clorofilla.

- **Acetone (CH_3COCH_3)**
  Caratteristiche: Solvente organico, volatilità elevata, infiammabile. Esempi di soluti: Vernici, plastiche, grassi, resine.

- **Benzene (C_6H_6)**
  Caratteristiche: Solvente aromatico, non polare, volatile e infiammabile. Esempi di soluti: Zolfo (S_8), gomma, oli, grassi.

- **Diclorometano (CH_2Cl_2)**
  Caratteristiche: Solvente organico, non polare, volatilità elevata. Esempi di soluti: Cere, oli, polimeri.

Esempi di Soluti:

- **Sale da cucina (Cloruro di sodio, NaCl)**
  Solvente: Acqua
  Descrizione: Il sale si dissocia in ioni sodio (Na^+) e cloro (Cl^-) quando disciolto in acqua, formando una soluzione salina.

- **Zucchero (Saccarosio, $C_{12}H_{22}O_{11}$)**
  Solvente: Acqua
  Descrizione: Le molecole di zucchero si disperdono uniformemente nell'acqua formando una soluzione dolce.

- **Iodio (I_2)**
  Solvente: Etanolo

Descrizione: L'iodio si dissolve in etanolo formando una soluzione di tintura di iodio, utilizzata come antisettico.

- **Solfato di rame ($CuSO_4$)**
  Solvente: Acqua
  Descrizione: Il solfato di rame si dissocia in ioni rame (Cu^{2+}) e solfato (SO_4^{2-}) quando disciolto in acqua, formando una soluzione blu.

- **Olio (vari tipi)**
  Solvente: Benzene
  Descrizione: Gli oli, essendo idrofobici, si dissolvono bene in solventi non polari come il benzene, formando soluzioni omogenee.

- **Anidride carbonica (CO_2)**
  Solvente: Acqua
  Descrizione: La CO_2 si dissolve in acqua formando acido carbonico (H_2CO_3), utilizzato nelle bevande gassate.

- **Vitamina C (Acido ascorbico, $C_6H_8O_6$)**
  Solvente: Acqua
  Descrizione: La vitamina C si dissolve facilmente in acqua formando una soluzione acida.

Esempi di Soluzioni Comuni:

- **Aceto**
  Soluto: Acido acetico
  Solvente: Acqua

- **Bevande Gassate**
  Soluto: Anidride carbonica
  Solvente: Acqua

- **Alcool Isopropilico**
  Soluto: Isopropanolo
  Solvente: Acqua

- **Inchiostro**
  Soluto: Pigmenti/coloranti
  Solvente: Acqua o altri solventi organici

7.2. Differenza tra Soluzioni e Sospensioni

È importante distinguere tra Soluzioni Vs Sospensioni, poiché presentano caratteristiche diverse.

- **Soluzioni (miscela omogenea)**

Omogenee: Hanno una composizione uniforme in tutto il campione.

Singola fase: Il soluto è disciolto completamente nel solvente.

Esempi: Zucchero disciolto in acqua, aceto (acido acetico in acqua).

- **Sospensione (miscela eterogena)**

Eterogenee: Non hanno una composizione uniforme; le sostanze rimangono separate.

Più fasi: Le componenti della miscela possono essere visibili come parti distinte (es acqua + olio).

Esempi: Sabbia e acqua, insalata mista, calcestruzzo, ecc.

Ergo, **la sospensione è un sistema eterogeneo di sostanze chimiche, semplici o composte**, non combinate chimicamente tra loro, ossia senza legami chimici.

Quindi: *Acqua e zucchero formano una soluzione; latte e cereali formano una sospensione.*

Domanda a trabocchetto: **Secondo te, acqua e Nesquik formano una soluzione o una sospensione?**

Se hai risposto "soluzione" in quanto il Nesquik è erroneamente definito "solubile", la tua risposta è errata!

L'acqua e il Nesquik, infatti, formano una miscela eterogenea detta specificamente sospensione.

RIPETIAMO: Una soluzione è un tipo di miscela omogenea in cui una sostanza (il soluto) è completamente dissolta in un'altra (il solvente). Ad esempio, il sale disciolto in acqua forma una soluzione salina, dove le molecole di sale si disperdono uniformemente nell'acqua. Ma **LE MISCELE POSSONO ESSERE OMOGENEE (SOLUZIONI) O ETEROGENEE (SOSPENSIONE).**

Quando mescoli il Nesquik (una polvere di cioccolato) con l'acqua o il latte, ottieni una sospensione. In una sospensione, le particelle del Nesquik non si dissolvono completamente nell'acqua, ma rimangono disperse nel liquido. Questa dispersione non è uniforme e le particelle possono sedimentare nel tempo, se lasciate riposare.

Quindi, mentre il Nesquik può sembrare dissolversi nell'acqua, in realtà forma una miscela eterogenea, visibile attraverso la tendenza delle particelle di cacao a depositarsi sul fondo del bicchiere se non vengono continuamente agitate.

Una soluzione, invece, è un tipo di miscela omogenea in cui il soluto (in questo caso, lo zucchero) si dissolve completamente nel solvente (l'acqua), formando una miscela uniforme a livello molecolare.

Questo è diverso dalle sospensioni o miscele eterogenee, dove le particelle del soluto non si dissolvono completamente e possono essere visibili o sedimentarsi nel tempo.

CURIOSITÀ: L'ARIA È UNA MISCELA!

Anche l'aria che respiriamo, benchè invisibile, è una miscela di gas. Non è, difatti, un singolo composto chimico con una formula definita, ma una miscela appunto.

Possiamo esprimere la composizione dell'aria in termini percentuali dei suoi principali componenti.

Composizione dell'Aria (in volume):

- *Azoto* (N_2)*: Circa il 78%*
- *Ossigeno* (O_2)*: Circa il 21%*
- *Argon (Ar): Circa lo 0,93%*
- *Anidride carbonica* (CO_2)*: Circa lo 0,04%*

Tracce di altri gas:

- *Neon (Ne)*
- *Elio (He)*
- *Metano* (CH_4)
- *Kripton (Kr)*
- *Idrogeno* (H_2)

Detto in altre parole, ben poco scientifiche, l'aria è una mega cocktail di gas!

APPROFONDIMENTO: La Saturazione

Quando mescoli sale (cloruro di sodio, $NaCl$) e acqua, il sale si dissolve nell'acqua formando una soluzione omogenea. Questo accade perché le molecole d'acqua, essendo polari, interagiscono con gli ioni di sodio (Na^+) e cloro (Cl^-), separandoli dal reticolo cristallino del sale e distribuendoli uniformemente nel solvente.

Si verifica così un Processo di Dissoluzione per Interazione Ionica, in cui le molecole d'acqua, grazie ai loro dipoli, circondano i cationi di sodio e gli anioni di cloro, staccandoli dal cristallo di sale.
Per **Idratazione**, gli ioni Na^+ e Cl^- si disperdono tra le molecole d'acqua, formando una soluzione acquosa.

E fin qui tutto molto bello ma può verificarsi un colpo di scena, ossia la Saturazione!
La saturazione si verifica quando l'acqua non è più in grado di dissolvere ulteriore sale.
Questo avviene per due principali motivi:

- **Capacità Limitata**: Ogni solvente ha una capacità limitata di dissolvere un soluto. Una volta raggiunta questa capacità, l'acqua non può più circondare e separare altri ioni di sale.

- **Equilibrio Dinamico**: In una soluzione satura, c'è un equilibrio dinamico tra il sale che si dissolve e quello che precipita. Gli ioni disciolti nella soluzione si combinano nuovamente per formare cristalli di sale allo stesso ritmo con cui si dissolvono nuovi cristalli.

Vuoi fare un piccolo esperimento?

Quando aggiungi del sale a un bicchiere d'acqua: inizialmente tutto il sale si dissolve. Se continui ad aggiungere sale, ad un certo punto noterai che il sale inizia a depositarsi sul fondo del bicchiere senza più dissolversi: **QUESTO PUNTO È LA SATURAZIONE**. Qui, l'acqua ha raggiunto la sua capacità massima di sciogliere il sale.

In conclusione, la formazione di una soluzione tra acqua e sale e la successiva saturazione sono esempi di **principi di solubilità ed equilibrio in chimica**.

Quando il soluto (sale) supera la capacità del solvente (acqua) di dissolverlo, si raggiunge un punto di saturazione, oltre il quale il soluto non si dissolve più.

7.3. Come si Sciolgono le Sostanze

Quando una sostanza si scioglie in un'altra, le sue particelle si separano e si disperdono tra le particelle del solvente.

Ecco il processo:

- **Interazione delle Particelle**: Le particelle del soluto interagiscono con le particelle del solvente.
- **Separazione**: Le particelle del soluto si separano grazie all'energia fornita dal solvente.
- **Dispersione**: Le particelle del soluto si disperdono uniformemente tra quelle del solvente, formando una soluzione omogenea.

Esempio:
Quando metti dello zucchero nell'acqua, le molecole d'acqua circondano le molecole di zucchero, rompendo i legami tra di loro e disperdendole uniformemente nell'acqua.

7.4. Creare Soluzioni Colorate con Ingredienti Casalinghi

Ecco alcune attività divertenti che puoi fare a casa per creare soluzioni colorate usando ingredienti comuni.

Esperimento 1: Soluzione Colorata con Colorante Alimentare

Occorrente:

- *Acqua*
- *Colorante alimentare*
- *Bicchieri trasparenti*

Procedimento:

Riempi un bicchiere con acqua.

Aggiungi alcune gocce di colorante alimentare nell'acqua.

Mescola bene fino a ottenere una soluzione di colore uniforme.

Osservazione:
Il colorante alimentare si dissolve nell'acqua, formando una soluzione colorata.

Esperimento 2: Arcobaleno di Latte e Coloranti

Occorrente:

- *Latte intero*
- *Coloranti alimentari*
- *Sapone liquido per piatti*
- *Un piatto fondo*

Procedimento:

Versa il latte nel piatto fondo.

Aggiungi gocce di diversi coloranti alimentari nel latte.

Immergi un bastoncino di cotone nel sapone liquido per piatti e toccalo leggermente sulla superficie del latte.

Guarda i colori muoversi e creare un arcobaleno.

Osservazione:
Il sapone rompe la tensione superficiale del latte e disperde i coloranti, formando affascinanti motivi colorati.

Esperimento 3: Cristalli di Sale Colorato

Occorrente:

- *Acqua*
- *Sale da cucina*
- *Colorante alimentare*
- *Piattini*

Procedimento:

Aggiungi colorante alimentare a un bicchiere d'acqua e mescola bene.

Versa l'acqua colorata in un piattino.

Spargi una piccola quantità di sale nel piattino e lascia riposare per alcune ore o durante la notte.

Osservazione:
Il sale si scioglierà nell'acqua colorata e poi cristallizzerà nuovamente, creando cristalli di sale colorato.

Esercizi

1. Rispondi correttamente alle seguenti domande:

A. Si definisce solvente universale:

- *La benzina*
- *L'acetone*
- *L'acqua*

B. NON producono una soluzione:

- *Acqua e Sale*
- *Acqua e Zucchero*
- *Acqua e Nesquik*

C. Il sale è:

- *Un solvente*
- *Un soluto*
- *Un agente*

D: NON è un soluto:

- *L'aceto*
- *L'olio*
- *L'anidride carbonica*

E: NON è una soluzione:

- *L'inchiostro*
- *L'aceto*
- *L'alcol*

F: È una miscela:

- *L'aria*
- *L'acqua*
- *La glicerina*

Soluzioni

Es. 1:

A = L'acqua
B = Acqua e Nesquik
C = Un soluto
D = L'aceto
E = L'alcol
F = L'aria

CAPITOLO 8: ACIDO VS BASE

8.1. Acidi

Gli acidi sono potenti agenti chimici in grado di degradare una vasta gamma di materiali attraverso la rottura dei legami chimici.

Sono sostanze che rilasciano ioni idrogeno (H^+) quando disciolti in acqua ed **hanno un pH inferiore a 7** (*vedi paragrafo 8.3.*). Sono noti per essere corrosivi e per avere un sapore aspro (es. limone).

Esempi di acidi:

- **Acido cloridrico** (HCl): Presente nel succo gastrico dello stomaco.
- **Acido acetico** (CH_3COOH): Trovato nell'aceto.
- **Acido citrico** ($C_6H_8O_7$): Presente negli agrumi.

Perché l'acido è corrosivo?

Gli acidi sono corrosivi a causa delle loro proprietà chimiche e della loro capacità di reagire con altre sostanze, rompendo i legami chimici e degradando i materiali.

Ecco una spiegazione chimica dettagliata:

Proprietà degli Acidi
Gli acidi sono composti che, quando disciolti in acqua, rilasciano ioni idrogeno (H^+). Questa produzione di ioni H^+ è alla base della loro corrosività.
Gli ioni di idrogeno (H^+) sono altamente reattivi e possono facilmente interagire con le molecole di altre sostanze.

Come Funziona la Corrosione
La corrosione avviene quando gli ioni di idrogeno (H^+) degli acidi reagiscono con i materiali, rompendone i legami chimici e alterandone la struttura molecolare.

Questo processo può essere spiegato con vari esempi:

- **Reazione con Metalli**

Gli acidi reagiscono spesso con i metalli per formare un sale e rilasciare gas idrogeno.
Per esempio, l'acido cloridrico (HCl) reagisce con il ferro (Fe):
$Fe + 2HCl \rightarrow FeCl_2 + H_2$
In questa reazione, gli ioni di idrogeno (H^+) attaccano la superficie del metallo, rimuovendo atomi di ferro e formando cloruro di ferro ($FeCl_2$) e gas idrogeno (H_2).

- **Reazione con Carbonati e Bicarbonati**

Gli acidi possono anche reagire con i carbonati e bicarbonati, producendo anidride carbonica, acqua e un sale. Ad esempio, l'acido cloridrico (HCl) reagisce con il bicarbonato di sodio ($NaHCO_3$):

$NaHCO_3 + HCl \rightarrow NaCl + H_2O + CO_2$

In questa reazione, gli ioni idrogeno (H^+) neutralizzano il bicarbonato di sodio, producendo cloruro di sodio (NaCl), acqua (H_2O) e anidride carbonica (CO_2).

- **Reazione con Tessuti Organici**

Gli acidi possono essere particolarmente pericolosi per i tessuti organici, come la pelle e le mucose, perché possono denaturare le proteine e rompere le membrane cellulari.

Questo è il motivo per cui gli acidi forti come l'acido solforico (H_2SO_4) e l'acido cloridrico (HCl) possono causare ustioni chimiche.

Esempi di Acidi Corrosivi:

- **Acido Solforico (H_2SO_4)**: Uno degli acidi più corrosivi, utilizzato nelle batterie delle auto e nella produzione industriale. Può causare gravi ustioni e dissolvere molti metalli.

- **Acido Nitrico (HNO_3)**: Fortemente ossidante, usato in laboratorio e nell'industria chimica. Può reagire violentemente con materiali organici e metalli.

- **Acido Cloridrico (HCl)**: Comunemente usato in laboratorio e nell'industria. Corrode molti metalli e materiali, producendo cloruri solubili.

8.1.1. Prevenzione e Sicurezza

A causa della loro corrosività, è importante maneggiare gli acidi con cura. Utilizzare sempre dispositivi di protezione individuale (guanti, occhiali di sicurezza) e lavorare in ambienti ben ventilati.

Cosa succede quando un acido corrosivo viene a contatto con la nostra pelle?

Quando un acido corrosivo viene a contatto con la pelle, avvengono una serie di reazioni chimiche che possono causare danni significativi ai tessuti.

Ecco una spiegazione dettagliata di ciò che accade:

- **Reazione Chimica con le Proteine**

Gli acidi forti, come l'acido solforico (H_2SO_4) o l'acido cloridrico (HCl), reagiscono con le proteine della pelle. Questo processo è noto come **denaturazione**, in cui gli acidi rompono i legami chimici nelle proteine, alterandone la struttura. Le proteine denaturate perdono la loro funzione, il che può causare danni ai tessuti e **ustioni** chimiche.

- **Idratazione ed Essiccazione**

Gli acidi forti hanno un'alta affinità per l'acqua. Quando vengono a contatto con la pelle, possono estrarre l'acqua

dai tessuti, disidratandoli e causando necrosi (morte dei tessuti).
Ad esempio, l'acido solforico è altamente igroscopico, il che significa che può assorbire rapidamente l'umidità dai tessuti, aggravando il danno.

- **Reazione con i Lipidi**

Gli acidi possono anche reagire con i lipidi (grassi) nelle membrane cellulari. Questo processo porta alla rottura delle membrane cellulari, causando la morte delle cellule. La rottura delle membrane cellulari permette agli acidi di penetrare ulteriormente nei tessuti, aumentando il danno.

- **Produzione di Calore**

Alcune reazioni chimiche tra acidi e tessuti sono **esotermiche**, il che significa che rilasciano calore. Questo calore aggiuntivo può aumentare ulteriormente il danno ai tessuti, causando **ustioni termiche oltre a quelle chimiche**.

SPERO CHE TU ABBIA BEN CAPITO CHE GLI ACIDI SONO SOSTANZE POTENTI CHE POSSONO CAUSARE GRAVI DANNI AI TESSUTI ATTRAVERSO UNA SERIE DI REAZIONI CHIMICHE.

CURIOSITÀ: Gli Acidi presenti nel nostro corpo

Se finora ti ho messo un po' paura con gli acidi corrosivi, devi sapere che essi sono presenti anche nel nostro organismo e sono preziosi per il suo funzionamento vitale.

Gli acidi, dunque, svolgono molte funzioni cruciali nel nostro corpo, supportando vari processi biologici e chimici.

Ecco una panoramica degli acidi più importanti presenti nel corpo umano, il loro ruolo e come lavorano chimicamente:

1. Acido Cloridrico (HCl)
Presente nello Stomaco.

Funzione:

- **Digestione**: L'acido cloridrico è un componente principale del succo gastrico. Esso abbassa il pH dello stomaco, creando un ambiente acido che è essenziale per la digestione delle proteine.

- **Attivazione degli Enzimi**: Attiva l'enzima pepsina, che è fondamentale per la scomposizione delle proteine in peptidi più piccoli.

- **Protezione**: L'ambiente acido dello stomaco uccide molti batteri e patogeni che vengono ingeriti con il cibo.

Meccanismo d'Azione:
Quando il cibo entra nello stomaco, le cellule parietali nelle pareti dello stomaco secernono HCl.
L'HCl si dissocia in ioni H^+ e Cl^-, abbassando il pH e creando l'ambiente acido necessario per l'attività della pepsina.

2. Acido Lattico ($C_3H_6O_3$)
Presente in: Muscoli e sangue.

Funzione:

- **Energia**: L'acido lattico è prodotto durante la glicolisi anaerobica, un processo che fornisce energia alle cellule in assenza di ossigeno.

- **Segnale di Fatica**: Accumulo di acido lattico nei muscoli è associato con la sensazione di fatica e bruciore durante l'esercizio intenso.

Meccanismo d'Azione:
Durante l'esercizio intenso, quando l'apporto di ossigeno è insufficiente, il glucosio viene metabolizzato in acido lattico nel citoplasma delle cellule muscolari.

L'acido lattico viene poi trasportato nel sangue e può essere convertito in energia o eliminato.

3. Acido Citrico ($C_6H_8O_7$)
Presente in: *Ciclo di Krebs* (mitocondri delle cellule).

Funzione:

- **Metabolismo Energetico**: L'acido citrico è un intermedio chiave nel ciclo di Krebs (ciclo dell'acido citrico), un processo centrale per la produzione di energia nelle cellule.

Meccanismo d'Azione:
Durante il ciclo di Krebs, l'acetil-CoA reagisce con l'ossalacetato per formare acido citrico. Questo acido viene poi trasformato attraverso una serie di reazioni chimiche, liberando energia sotto forma di ATP (adenosina trifosfato), che è la principale "moneta energetica" delle cellule.

4. Acido Ascorbico (Vitamina C, $C_6H_8O_6$)
Presente in: Vari tessuti corporei.

Funzione:

- **Antiossidante**: L'acido ascorbico protegge le cellule dai danni ossidativi.

- **Sintesi del Collagene**: È essenziale per la produzione di collagene, una proteina chiave nel tessuto connettivo, pelle, tendini e ossa.

- **Funzione Immunitaria**: Supporta il sistema immunitario.

Meccanismo d'Azione:
L'acido ascorbico neutralizza i radicali liberi donando elettroni, prevenendo danni cellulari. Inoltre, agisce come cofattore per gli enzimi coinvolti nella biosintesi del collagene.

5. Acidi Grassi
Presenti in: Membrane cellulari, tessuti adiposi.

Funzione:

- **Strutturale**: Gli acidi grassi sono componenti essenziali delle membrane cellulari.

- **Energetica**: Vengono immagazzinati come trigliceridi nel tessuto adiposo e possono essere metabolizzati per produrre energia.

Meccanismo d'Azione:
Gli acidi grassi vengono esterificati per formare fosfolipidi, che compongono le membrane cellulari. Inoltre, possono essere ossidati nei mitocondri per produrre ATP attraverso il processo di beta-ossidazione.

Come vedi gli acidi non sono solo cattivi e pericolosi ma fanno anche parte di noi. Anzi, gli acidi presenti nel nostro corpo sono **essenziali per numerosi processi vitali**, perché svolgono ruoli cruciali nella digestione, nel metabolismo energetico, nella sintesi delle proteine e nella protezione delle cellule. È chiaro che gli acidi del nostro corpo si producono naturalmente e biologicamente.

8.2. Basi

Le basi sono sostanze che rilasciano ioni ossidrile (OH^-) quando disciolti in acqua. **Le basi hanno un pH superiore a 7**. Sono note per essere scivolose al tatto e per avere un sapore amaro.

Esempi di basi:

- **Idrossido di sodio** ($NaOH$): Usato nei detergenti per il forno.
- **Ammoniaca** (NH_3): Spesso utilizzata nei prodotti per la pulizia.
- **Bicarbonato di sodio** ($NaHCO_3$): Usato come lievito nei prodotti da forno.

Curiosità: *Dato che le soluzioni alcaline hanno un pH superiore a 7, indicando la loro natura basica, nel linguaggio comune, "alcalina" è usato per descrivere qualsiasi base, anche se tecnicamente il termine si riferisce ai composti dei metalli alcalini (come sodio, potassio, ecc.).*

Il termine "alcalina" deriva da "alcali", infatti, che si riferisce ai composti chimici degli elementi del gruppo 1 della tavola periodica, i metalli alcalini (come sodio, potassio, ecc.). Questi elementi, quando reagiscono con l'acqua, formano idrossidi forti che sono basi molto potenti e solubili in acqua.

Esempi di Alcali:

- *Idrossido di Sodio (NaOH): Chiamato anche soda caustica, è una base forte e altamente alcalina.*

- *Idrossido di Potassio (KOH): Conosciuto come potassa caustica, anch'esso è una base forte e alcalina.*

Proprietà delle Sostanze Alcaline:

- *pH Alto: Le soluzioni alcaline hanno un pH superiore a 7, indicando la loro natura basica.*

- *Reattività: Le basi alcaline sono altamente reattive, specialmente con gli acidi, con cui neutralizzano formando sali e acqua.*

8.3. Il pH e la Scala del pH

Il pH è una misura dell'acidità o basicità di una soluzione acquosa.

La scala del pH va da 0 a 14:

- ***pH** 7: Neutro (ad esempio, l'acqua pura).*
- ***pH** < 7: Acido (ad esempio, succo di limone, pH circa 2).*
- ***pH** > 7: Basico o alcalino (ad esempio, bicarbonato di sodio in soluzione, pH circa 9).*

La scala del pH è logaritmica, il che significa che ogni valore rappresenta una variazione di dieci volte nella concentrazione di ioni idrogeno (H^+) presenti nella soluzione.

8.3.1. Il pH della nostra pelle

Il pH della nostra pelle è una misura del suo livello di acidità o basicità.

Generalmente, **il pH della pelle umana si aggira intorno a 4.7-5.5**, che è leggermente acido. Questa lieve acidità è cruciale per la salute e la funzione della pelle.

A cosa serve il pH della pelle?

Barriera Protettiva:

- **Protezione dai Microrganismi**: Il pH acido della pelle aiuta a prevenire la crescita di batteri, funghi e altri microrganismi patogeni. Questo ambiente acido è meno favorevole per i patogeni rispetto a un ambiente neutro o alcalino.

- **Mantiene la Microflora**: La pelle ospita una microflora naturale di batteri "buoni" che prosperano in un ambiente leggermente acido e contribuiscono alla difesa contro i patogeni.

Integrità della Pelle:

- **Funzione di Barriera**: Il pH acido aiuta a mantenere l'integrità della barriera cutanea, che protegge il corpo dalla perdita di acqua e dall'ingresso di sostanze nocive.

- **Regolazione della Desquamazione**: Favorisce il corretto rinnovo delle cellule cutanee, facilitando la desquamazione delle cellule morte e mantenendo la pelle liscia e sana.

Regolazione della Secrezione di Sebo:

- **Bilancia la Produzione di Olio**: Un pH equilibrato aiuta a regolare la produzione di sebo, prevenendo eccessiva oleosità o secchezza della pelle.

Come lavorano i prodotti per la cura della pelle?

Molti prodotti per la cura della pelle sono formulati per rispettare e mantenere il **pH naturale della pelle**.
Prodotti con pH troppo alto (alcalino) o troppo basso (acidico) possono disturbare l'equilibrio naturale della pelle, portando a irritazioni, secchezza o altri problemi cutanei, pertanto per l'igiene personale e intima sono preferibili prodotti a pH neutro.

Altri fattori che possono alterare il pH della Pelle:

- **Inquinamento e Stress Ambientale**: Fattori esterni come inquinamento, esposizione eccessiva al sole e clima possono influenzare il pH della pelle.

- **Cambiamenti Ormonali**: I cambiamenti ormonali possono alterare la produzione di sebo e il pH della pelle, influenzando la sua condizione generale.

8.4. Indicatori Naturali: Esperimenti con il Cavolo Rosso

Gli indicatori naturali sono sostanze che cambiano colore in presenza di acidi o basi. Il succo di cavolo rosso è un indicatore naturale efficace perché contiene pigmenti che reagiscono al pH.

- **Esperimento con il Cavolo Rosso**

Occorrente:

- *Foglie di cavolo rosso*
- *Acqua*
- *Pentola*
- *Filtri da caffè o colino*
- *Vari liquidi casalinghi (aceto, succo di limone, bicarbonato di sodio, sapone liquido)*

Procedimento:

Taglia le foglie di cavolo rosso e mettile in una pentola con acqua.

Porta l'acqua a ebollizione e lascia sobbollire per circa 10-15 minuti. L'acqua assumerà un colore violaceo.

Filtra il liquido ottenuto e versalo in vari bicchieri.

Aggiungi una piccola quantità di diversi liquidi casalinghi in ciascun bicchiere e osserva il cambiamento di colore.

Osservazioni:

Il succo di cavolo rosso diventa rosso o rosa in presenza di un acido ($pH < 7$).

Il succo di cavolo rosso diventa verde o blu in presenza di una base ($pH > 7$).

8.5. Storie Divertenti: Gli Acidi nei Fumetti e nei Film

Gli acidi sono spesso utilizzati nei fumetti e nei film per creare effetti drammatici e scene emozionanti.

Ecco alcune storie divertenti:

- **Batman e l'Acido**
  Nel mondo dei fumetti di *Batman*, il personaggio di *Harvey Dent*, noto anche come *Due Facce*, subisce una trasformazione drammatica dopo essere stato sfregiato con acido. Questo evento lo trasforma da un procuratore distrettuale in un supercriminale con un volto deturpato da cicatrici.

- **Alien e il Sangue Acido**
  Nel famoso film di fantascienza "*Alien*", le creature aliene hanno sangue estremamente acido. Questo acido è così potente che può corrodere metalli e altri materiali, aggiungendo un ulteriore livello di pericolo e suspense nel film.

- **Acido Fluoridrico in Breaking Bad**
  Nella serie TV "*Breaking Bad*", l'acido fluoridrico (HF) è utilizzato per dissolvere corpi. La scena in cui *Jesse Pinkman* scopre quanto sia potente questo

acido è sia sorprendente che educativa, mostrando la pericolosità degli acidi forti.

Esercizi

1. Rispondi correttamente alle seguenti domande:

A. NON è presente nel nostro corpo:

- *L'acido cloridrico*
- *L'acido citrico*
- *L'acido solforico*

B: In quali parti del nostro corpo è presente l'acido lattico?

- *Stomaco*
- *Muscoli e sangue*
- *Intestino*

C: NON è una base:

- *L'idrossido di sodio*
- *L'ammoniaca*
- *L'aceto*

D: Il pH di una base deve essere:

- *Inferiore a 7*
- *Superiore a 7*
- *Uguale a 7*

E: Il pH naturale della nostra pelle si aggira intorno a:

- *4.5-5.7*
- *4.7-5.5*
- *4.5.-4.7*

F: Un pH troppo alto rende un prodotto:

- *acido*
- *alcalino*
- *neutro*

Soluzioni

Es. 1:

A = L'acido solforico
B = Muscoli e sangue
C = L'aceto
D = inferiore a 7
E = 4.7-5.5
F = alcalino

CAPITOLO 9: L'ENERGIA NELLE REAZIONI CHIMICHE

9.1. Calore e Reazioni

<u>Il calore gioca un ruolo cruciale nelle reazioni chimiche</u>.

Le reazioni chimiche, infatti, possono essere classificate in base al loro assorbimento o rilascio di calore, in:

- **Reazioni Esotermiche**
  Definizione: Reazioni che rilasciano calore nell'ambiente.
  Esempi: Combustione di legna, reazione tra acido e base.
  Osservazioni: La temperatura dell'ambiente circostante aumenta durante queste reazioni.

- **Reazioni Endotermiche**
  Definizione: Reazioni che assorbono calore dall'ambiente.
  Esempi: Decomposizione del bicarbonato di sodio, reazione tra ghiaccio e sale.
  Osservazioni: La temperatura dell'ambiente circostante diminuisce durante queste reazioni.

9.2. Come l'Energia influisce sulle Reazioni Chimiche

L'energia è fondamentale per l'inizio e il proseguimento delle reazioni chimiche.

Ecco come influisce sulle reazioni:

- **Energia di Attivazione**

Definizione: L'energia minima necessaria per avviare una reazione chimica.

Importanza: Senza sufficiente energia di attivazione, una reazione non può iniziare.

- **Trasferimento di Energia**

Esotermiche: Le reazioni rilasciano energia, spesso sotto forma di calore, aumentando l'energia termica dell'ambiente.

Endotermiche: Le reazioni assorbono energia dall'ambiente, riducendo l'energia termica circostante.

- **Diagrammi Energetici**

Descrizione: I diagrammi energetici mostrano l'energia dei reagenti e dei prodotti, indicando se una reazione è esotermica o endotermica.

Esempi: Un diagramma energetico per una reazione esotermica mostra una diminuzione dell'energia totale, mentre per una reazione endotermica mostra un aumento.

9.3. Esperimenti con il Calore: La Reazione Endotermica del Ghiaccio e del Sale

Un esperimento classico per osservare una reazione endotermica coinvolge il ghiaccio e il sale.

- **Esperimento: Ghiaccio e Sale**

Occorrente:

- *Ghiaccio*
- *Sale da cucina*
- *Due bicchieri*
- *Termometro*

Procedimento:

Preparazione: Riempi due bicchieri con quantità uguali di ghiaccio.
Aggiunta del Sale: Aggiungi una generosa quantità di sale in uno dei due bicchieri.
Misurazione della Temperatura: Utilizza un termometro per misurare la temperatura iniziale in entrambi i bicchieri.
Osservazione: Dopo alcuni minuti, misura nuovamente la temperatura in entrambi i bicchieri.

Osservazioni:

Nel bicchiere con il sale, la temperatura scende significativamente di più rispetto al bicchiere senza sale.

Questo avviene perché la dissoluzione del sale in acqua assorbe calore dal ghiaccio e dall'ambiente, facendo sciogliere il ghiaccio e abbassando la temperatura.

Spiegazione Chimica

La reazione endotermica del ghiaccio e del sale può essere descritta come una **dissoluzione endoergonica**.
Il sale abbassa il punto di congelamento dell'acqua, richiedendo energia per rompere i legami intermolecolari nel ghiaccio. Questa energia viene assorbita dall'ambiente circostante, causando una riduzione della temperatura.

9.4. La Chimica delle Esplosioni (in Modo Sicuro!)

Le esplosioni sono esempi di reazioni chimiche esotermiche estremamente rapide che rilasciano grandi quantità di energia in breve tempo.

Esplosioni Chimiche
Definizione: Reazioni chimiche che liberano rapidamente gas e calore, causando un'onda d'urto.
Esempi: Esplosione di polvere da sparo, detonazione del trinitrotoluene (TNT).

Sicurezza e Precauzioni
Sperimentare con reazioni esplosive deve essere fatto solo in ambienti controllati e con adeguate misure di sicurezza. Tuttavia, possiamo esplorare concetti teorici per capire meglio come funzionano.

Principio di Base
Le esplosioni chimiche sono causate dalla decomposizione rapida di composti instabili che rilasciano gas ad alta pressione. Questa decomposizione avviene in millisecondi, liberando energia termica e cinetica.

- **Esperimento Sicuro: Sacchetto di Bicarbonato e Aceto**

Un esperimento sicuro per comprendere la produzione rapida di gas può essere fatto con bicarbonato e aceto.

Occorrente:

- *Aceto*
- *Bicarbonato di sodio*
- *Sacchetto di plastica con chiusura ermetica*

Procedimento:

Preparazione: Versa una piccola quantità di aceto nel sacchetto.
Aggiunta del Bicarbonato: Aggiungi rapidamente bicarbonato di sodio nel sacchetto.
Chiusura del Sacchetto: Chiudi il sacchetto ermeticamente e osserva cosa succede.

Osservazioni:

Il sacchetto si gonfierà rapidamente a causa della produzione di anidride carbonica (CO_2).
Anche se non è una vera esplosione, è un buon esempio di una reazione esotermica che produce gas rapidamente.

Spiegazione Chimica:

La reazione tra acido acetico (nell'aceto) e bicarbonato di sodio produce CO_2, acqua e acetato di sodio:

$$NaHCO_3 + CH_3COOH \rightarrow CO_2 + H_2O + CH_3COONa$$

La rapida produzione di gas gonfia il sacchetto, dimostrando come le reazioni chimiche possono produrre gas e pressione.

Spero che questo capitolo ti fornisca una comprensione chiara dell'energia nelle reazioni chimiche e ti ispiri a fare alcuni esperimenti sicuri a casa.

Esercizi

1. Rispondi correttamente alle seguenti domande:

A: Si definiscono reazioni esotermiche:

- *Reazioni che assorbono calore dall'ambiente.*
- *Reazioni che rilasciano calore nell'ambiente.*
- *Reazione che non scambiano calore con l'ambiente.*

B: Si definisce energia di attivazione:

- *L'energia minima necessaria per avviare una reazione chimica.*
- *L'energia massima necessaria per avviare una reazione chimica.*
- *L'energia necessaria per terminare una reazione chimica.*

C: I diagrammi energetici…

- *mostrano i livelli di reagenti e prodotti.*
- *mostrano l'energia dei reagenti e dei prodotti.*
- *mostrano la dispersione dei reagenti nei prodotti.*

D: La decomposizione del bicarbonato di sodio, reazione tra ghiaccio e sale, è…

- *Una reazione esotermica*
- *Una reazione endotermica*
- *Una reazione isometrica*

E: La reazione endotermica del ghiaccio e del sale può essere descritta come:

- *una soluzione biocinetica*
- *una reazione fisiologica*
- *una dissoluzione endoergonica*

F: Producono una reazione endotermica:

- *Ghiaccio e sale*
- *Acqua e limone*
- *Latte e menta*

Soluzioni

Es. 1:

A = Reazioni che rilasciano calore nell'ambiente.
B = L'energia minima necessaria per avviare una reazione chimica.
C = Mostrano l'energia dei reagenti e dei prodotti.
D = Una reazione endotermica.
E = Una dissoluzione endoergonica.
F = Ghiaccio e sale

CAPITOLO 10: CHIMICA E AMBIENTE

10.1. La Chimica Verde

La chimica verde è una filosofia e una pratica che mira a progettare prodotti e processi chimici che riducano o eliminino l'uso e la generazione di sostanze pericolose.

L'obiettivo è minimizzare l'impatto negativo sull'ambiente e sulla salute umana attraverso l'innovazione sostenibile.

I principi fondamentali della chimica verde includono:

- **Prevenzione**: Evitare la creazione di rifiuti piuttosto che trattarli o smaltirli dopo la loro produzione.
- **Efficienza Atomica**: Progettare sintesi chimiche che massimizzino l'uso di tutte le materie prime.
- **Sostanze Sicure**: Utilizzare e creare sostanze chimiche che abbiano il minimo impatto sulla salute e sull'ambiente.

- **Solventi Sostenibili**: Evitare o ridurre l'uso di solventi e sostanze ausiliarie quando possibile, optando per alternative sicure e sostenibili.

10.2. L'Importanza della Chimica nell'Ambiente

La chimica svolge un ruolo cruciale nella comprensione e nella protezione dell'ambiente.

Le sue applicazioni includono:

- **Monitoraggio Ambientale**: Tecniche chimiche vengono utilizzate per rilevare e quantificare inquinanti nell'aria, nell'acqua e nel suolo.

- **Trattamento dei Rifiuti**: Processi chimici vengono impiegati per trasformare i rifiuti pericolosi in sostanze meno nocive o per recuperare materiali utili dai rifiuti.

- **Conservazione delle Risorse**: La chimica aiuta a sviluppare metodi per l'uso sostenibile delle risorse naturali, riducendo l'impatto ambientale delle attività umane.

- **Energia Sostenibile**: La chimica è essenziale nella ricerca e nello sviluppo di fonti di energia rinnovabile, come celle a combustibile, batterie avanzate e biocarburanti.

10.3. Le Reazioni Chimiche che Purificano l'Acqua

Purificare l'acqua è fondamentale per la salute umana e ambientale. **Ecco alcune reazioni chimiche utilizzate nei processi di purificazione dell'acqua:**

- **Clorazione**: L'aggiunta di cloro (Cl_2) all'acqua uccide i microrganismi patogeni e previene la diffusione di malattie.
  La reazione chimica principale è:
  $Cl_2 + H_2O \rightarrow HCl + HOCl$

- **Ozonizzazione**: L'ozono (O_3) è un potente ossidante che decompone composti organici e distrugge microrganismi.
  La reazione con l'acqua è:
  $O_3 + H_2O \rightarrow O_2 + 2OH$

- **Coagulazione e Flocculazione**: Questi processi utilizzano sostanze chimiche come solfato di alluminio ($Al_2(SO_4)_3$) per aggregare particelle sospese in fiocchi che possono essere facilmente rimossi.

- **Filtrazione a Carbone Attivo**: Il carbone attivo assorbe composti organici e cloro, migliorando l'odore e il sapore dell'acqua.

10.3.1. Come Desalinizzare l'Acqua del Mare

La desalinizzazione dell'acqua del mare è il processo mediante il quale il sale e altre impurità vengono rimossi dall'acqua marina per renderla potabile o utilizzabile per scopi agricoli e industriali.

Vediamo come funziona chimicamente e perché non è così comune, nonostante i problemi di scarsità d'acqua.

Metodi di Desalinizzazione:

- **Osmosi Inversa (Reverse Osmosis)**
  Principio: Utilizza una membrana semipermeabile per separare l'acqua dalle impurità. L'acqua salata viene spinta attraverso la membrana sotto alta pressione, lasciando i sali e altre impurità dietro.
  Reazione: Non è una reazione chimica, ma un processo fisico. La membrana semipermeabile permette il passaggio delle molecole d'acqua, ma blocca i sali disciolti e altre particelle.

- **Distillazione**
  Principio: L'acqua salata viene riscaldata fino a diventare vapore. Il vapore viene poi condensato per ottenere acqua distillata, lasciando i sali e le impurità dietro.

Reazione Chimica: Anche questo è principalmente un processo fisico. L'acqua (H_2O) viene trasformata in vapore ($H_2O(g)$) e poi riconvertita in liquido.

- **Elettrodialisi**
  Principio: Utilizza un campo elettrico per separare gli ioni salini dall'acqua. Le membrane cationiche e anioniche consentono il passaggio selettivo degli ioni, purificando così l'acqua.
  Reazione: È un processo elettrochimico in cui gli ioni (come Na^+ e Cl^-) vengono separati dall'acqua tramite un campo elettrico.

Perché questo processo non è comunemente utilizzato nei luoghi di siccità?

- **Energia**: La desalinizzazione richiede una grande quantità di energia, soprattutto l'osmosi inversa e la distillazione, rendendola costosa. I costi energetici possono essere proibitivi, specialmente in regioni in via di sviluppo.

- **Infrastrutture**: La costruzione e la manutenzione degli impianti di desalinizzazione sono costose. La tecnologia richiede investimenti significativi in infrastrutture e attrezzature.

Impatto Ambientale

- **Salamoia**: La desalinizzazione produce grandi quantità di salamoia (concentrato salino), che deve essere smaltita. Il rilascio di salamoia nell'ambiente marino può danneggiare gli ecosistemi.

- **Emissioni di CO_2**: L'energia necessaria per i processi di desalinizzazione spesso proviene da combustibili fossili, contribuendo alle emissioni di CO_2 e al cambiamento climatico.

Limitazioni Tecnologiche

- **Efficienza**: Sebbene la tecnologia stia migliorando, l'efficienza energetica degli impianti di desalinizzazione è ancora un'area di miglioramento. La ricerca è in corso per sviluppare metodi più sostenibili ed efficienti dal punto di vista energetico.

Accesso alle Risorse

- **Fonti Alternative**: In molti luoghi, è più economico e pratico sviluppare fonti alternative di acqua dolce, come il riutilizzo delle acque reflue trattate, la raccolta dell'acqua piovana, e la gestione sostenibile delle risorse idriche esistenti.

In conclusione, la desalinizzazione è una soluzione tecnologica promettente per la scarsità d'acqua, ma è limitata da costi elevati, impatti ambientali e sfide tecnologiche. È essenziale continuare a investire in ricerca e sviluppo per rendere questo processo più sostenibile ed efficiente, ampliando le possibilità di utilizzo in aree con scarsità d'acqua.

10.4. Progetti Sostenibili per Giovani Chimici

I giovani chimici possono contribuire alla sostenibilità attraverso progetti innovativi.

Ecco alcune idee:

- **Creazione di Bioplastiche**: Sviluppare materiali plastici biodegradabili a partire da fonti rinnovabili come l'amido di mais.
- **Produzione di Biodiesel**: Convertire oli vegetali usati in biodiesel tramite reazioni di transesterificazione.
- **Riciclo di Batterie**: Progettare metodi per recuperare metalli preziosi e sostanze chimiche dalle batterie esauste.
- **Sintesi Verde di Farmaci**: Utilizzare principi di chimica verde per sviluppare processi sintetici più sicuri e meno inquinanti per la produzione di farmaci.

Spero che questo capitolo ti abbia fornito una panoramica chiara e coinvolgente sul ruolo della chimica nell'ambiente e nelle pratiche sostenibili per la tutela e la salvaguardia del nostro pianeta.

10.5. La Carne Coltivata

La carne coltivata o sintetica, è prodotta attraverso un processo biochimico che prevede la coltivazione di cellule staminali animali.

Ecco una panoramica dei principali passaggi:

- **Prelievo di cellule staminali**: Le cellule staminali vengono prelevate da un animale vivo, solitamente un bovino o un ovino.

- **Coltura delle cellule**: Le cellule staminali vengono coltivate in grandi vasche chiamate bioreattori, contenenti terreni di coltura che forniscono i nutrienti necessari per la loro crescita.

- **Differenziazione delle cellule**: Le cellule staminali vengono modificate in modo che si differenzino nei tre componenti principali della carne: muscolo, grasso e tessuto connettivo.

- **Formazione della carne**: Le cellule differenziate vengono disposte su un materiale commestibile chiamato impalcatura, che supporta l'organizzazione delle cellule nella forma desiderata, come una bistecca o carne macinata.

Per quanto riguarda il futuro della carne coltivata come sostituto della carne animale, ci sono diversi fattori da considerare:

- **Benessere degli animali**: La carne coltivata non richiede l'allevamento e la macellazione di animali vivi, il che rappresenta un vantaggio significativo dal punto di vista etico.

- **Sostenibilità ambientale**: La produzione di carne coltivata richiede meno risorse rispetto all'allevamento tradizionale, riducendo l'impatto ambientale.

- **Costo**: Attualmente, la carne coltivata è ancora costosa, ma si prevede che i costi possano diminuire con l'avanzamento delle tecnologie.

- **Accettazione dei consumatori**: La carne coltivata è ancora una tecnologia nuova e la sua accettazione da parte dei consumatori potrebbe dipendere da fattori culturali e personali.

In sintesi, la carne coltivata ha il potenziale per diventare un alimento sostitutivo rispetto alla carne animale, ma ci sono ancora sfide da superare prima che possa diventare largamente disponibile e accettata.

10.6. Plastica: amica o nemica?

I materiali plastici come li conosciamo oggi sono prodotti attraverso processi chimici che trasformano i monomeri derivati dal petrolio in polimeri, come il polietilene, il PVC e il nylon. Questi polimeri si sono diffusi a partire dagli anni '20 del XX secolo. Tuttavia questa plastica "moderna" trae le sue radici nel XIX secolo. Il primo materiale plastico semisintetico è stato creato dall'inglese *Alexander Parkes* tra il 1861 e il 1862. Parkes isolò e brevettò un materiale chiamato *Parkesine*, successivamente conosciuto come *Xylonite.*

I primi impieghi della plastica furono piuttosto innovativi per l'epoca:

- **Celluloide**: Nel 1870, i fratelli americani *John Wesley* e *Isaiah Hyatt* perfezionarono la formula di *Parkes*, creando la celluloide, utilizzata inizialmente per le palle da biliardo. Successivamente, trovò impiego anche nella produzione di pettini, stoviglie e pellicole fotografiche.

- **Bakelite**: Nel 1907, il chimico belga *Leo Baekeland* inventò la prima resina termoindurente di origine sintetica, chiamata Bakelite. Questo materiale fu utilizzato per una vasta gamma di prodotti, tra cui maniglioni di porte, parti di elettrodomestici e giocattoli.

- **Cellophane**: Nel 1913, lo svizzero *Jacques Edwin Brandenberger* inventò il cellophane, un materiale trasparente e flessibile utilizzato principalmente per l'imballaggio.

La scoperta della plastica, quindi, ha rivoluzionato il mondo moderno, ma ha anche portato a gravi problemi ambientali.

La plastica è un materiale sintetico derivato dal petrolio e, sebbene sia versatile e utile, la sua produzione e il suo smaltimento hanno un impatto significativo sull'ambiente. I rifiuti plastici contaminano oceani, foreste e suolo, danneggiando la fauna selvatica e la salute umana.

Difatti, **la plastica è responsabile di una grande quantità di rifiuti non biodegradabili**.

Solo una piccola parte viene riciclata, mentre la maggior parte finisce in discarica o nell'ambiente naturale. Questo ha portato a una crisi globale dei rifiuti plastici, con milioni di tonnellate di plastica che finiscono negli oceani ogni anno.

10.6.1. Ricerca di Alternative alla Plastica

Ci sono molte ricerche in corso per trovare alternative alla plastica tradizionale.

Alcune delle alternative più promettenti includono:

- **Bioplastica**: Materiale prodotto da risorse rinnovabili come amido di mais, canna da zucchero o amido di patate. È biodegradabile e può ridurre l'impatto ambientale.

- **Materiali riciclati**: Utilizzare plastica riciclata per ridurre la dipendenza dalle risorse fossili e diminuire le emissioni di gas serra.

- **Materiali naturali**: Come il bambù, la carta riciclata e il legno, che possono essere utilizzati per prodotti che altrimenti sarebbero fatti di plastica.

È possibile immaginare davvero un Mondo 100% Plastic-Free?

Immaginare un mondo senza plastica è una sfida complessa. Sebbene sia possibile ridurne significativamente l'uso, è improbabile che si possa eliminare completamente dalla nostra vita quotidiana. Del resto, l'aumento della produzione della carta come materiale alternativo potrebbe avere un impatto ambientale significativo, come l'abbattimento delle foreste e l'aumento dell'uso di risorse naturali.

In conclusione, la scoperta della plastica ha avuto sia effetti positivi che negativi. Ha permesso lo sviluppo di prodotti innovativi e ha migliorato la qualità della vita, ma ha anche causato gravi problemi ambientali.
La ricerca di alternative e la riduzione del suo uso sono passi importanti verso un futuro più sostenibile, ma richiedono sforzi concertati da parte di governi, industrie e consumatori.

Esercizi

1. Rispondi correttamente alle seguenti domande:

A. La cosiddetta "Chimica Verde" ha l'obiettivo di:

- *Ridurre o eliminare l'uso e la generazione di sostanze pericolose.*
- *Incrementare l'uso di sostanze chimiche di colore verde.*
- *Produrre antiparassitari e prodotti per l'agricoltura.*

B. Quali reazioni chimiche NON purificano l'aria:

- *La clorazione*
- *L'ozonizzazione*
- *L'osmosi inversa*

C. NON si può desalinizzare l'acqua attraverso:

- *La distillazione*
- *La diluizione*
- *L'elettrodialisi*

D. La chimica verde NON è attiva nella:

- *creazione di bioplastiche*
- *produzione di biodiesel*
- *procreazione assistita*

E. Che cosa è la "carne coltivata"?

- *Una carne coltivata dall'agricoltura biologica.*

- *Un surrogato vegano della carne.*
- *Una carne sintetizzata dalle cellule staminali.*

F. In che anno viene creata la celluloide?

- *1907*
- *1870*
- *1913*

Soluzioni

Es. 1:

A = Ridurre o eliminare l'uso e la generazione di sostanze pericolose.
B = L'osmosi inversa
C = La diluizione
D = Procreazione assistita
E = Una carne sintetizzata dalle cellule staminali.
F = 1870

CAPITOLO 11: CHIMICA NELLA CUCINA

11.1. La Magia della Cucina

La cucina non è solo un'arte, ma anche una scienza. Ogni volta che cuciniamo, applichiamo principi chimici che trasformano gli ingredienti in piatti deliziosi. La magia della cucina risiede nella comprensione di queste trasformazioni e nell'uso sapiente di tecniche che rendono il cibo più gustoso, nutriente e sicuro.

11.2. Reazioni Chimiche durante la Cottura

Quando cuciniamo, diverse reazioni chimiche avvengono per creare sapori, consistenze e colori unici.

Ecco alcune delle principali reazioni chimiche che si verificano durante la cottura:

- **Reazione di Maillard**
  Descrizione: Una serie di reazioni chimiche tra aminoacidi (proteine) e zuccheri riducenti che avviene a temperature elevate.
  Risultato: Forma composti aromatici complessi che conferiscono al cibo sapori ricchi e colori bruniti. È responsabile della crosta dorata del pane, della carne arrosto e dei biscotti.

- **Caramellizzazione**
  Descrizione: Decomposizione termica degli zuccheri a temperature elevate, senza la presenza di proteine.
  Risultato: Produce sapori dolci, amari e aromatici, e un colore dorato. È visibile nella preparazione di caramelle, creme caramel e cipolle caramellate.

- **Coagulazione delle Proteine**
  Descrizione: Le proteine denaturano e si legano insieme quando esposte al calore.
  Risultato: Dona struttura e consistenza agli alimenti. È osservabile nella cottura delle uova, nella formazione del formaggio e nella cottura della carne.

- **Gelatinizzazione dell'Amido**
  Descrizione: L'amido assorbe acqua e si gonfia quando riscaldato, formando un gel.
  Risultato: Addensa salse, zuppe e dolci. È fondamentale nella preparazione di roux, creme pasticcere e risotti.

- **Lievitazione**
  Descrizione: La produzione di gas (anidride carbonica) durante la fermentazione degli zuccheri da parte del lievito o di agenti lievitanti chimici come il bicarbonato di sodio.

Risultato: Crea una consistenza soffice e ariosa nel pane, nei dolci e nei biscotti.

11.3. Esperimenti Culinari: Fare il Pane e il Gelato

- **Esperimento 1: Fare il Pane**

Occorrente:

- *Farina*
- *Lievito di birra*
- *Acqua*
- *Sale*

Procedimento:

Impasto: Mescola farina, acqua, lievito e sale fino a ottenere un impasto omogeneo.
Lievitazione: Lascia riposare l'impasto in un luogo caldo fino a quando raddoppia di volume.
Cottura: Cuoci in forno a 200°C per circa 30-40 minuti, fino a ottenere una crosta dorata.

Osservazioni:

Durante la lievitazione, il lievito fermenta gli zuccheri nella farina, producendo anidride carbonica che fa lievitare l'impasto.
Durante la cottura, le reazioni di Maillard e la gelatinizzazione dell'amido contribuiscono a formare la crosta e la mollica del pane.

- **Esperimento 2: Fare il Gelato**

Occorrente:

- *Latte*
- *Panna*
- *Zucchero*
- *Vaniglia*
- *Ghiaccio*
- *Sale grosso*

Procedimento:

Miscela: Mescola latte, panna, zucchero e vaniglia.

Congelamento: Versa la miscela in una busta richiudibile e chiudi bene. Metti la busta in una bacinella piena di ghiaccio e sale grosso.

Agitazione: Agita vigorosamente per 10-15 minuti fino a quando il gelato si solidifica.

Osservazioni:

Il sale abbassa il punto di congelamento del ghiaccio, permettendo di raffreddare rapidamente la miscela del gelato.

La continua agitazione impedisce la formazione di grandi cristalli di ghiaccio, creando una consistenza cremosa.

11.4. Storie Curiose: la Chimica dietro i tuoi cibi preferiti

- **Cioccolato**
  La produzione del cioccolato coinvolge la fermentazione, la tostatura e la concaggio (miscelazione), che sviluppano il sapore e la texture unici. La cristallizzazione controllata del burro di cacao è essenziale per ottenere una barretta di cioccolato lucida e croccante.

- **Formaggio**
  Il formaggio si forma attraverso la coagulazione delle proteine del latte, causata dall'aggiunta di caglio o acidi. La maturazione del formaggio, o affinamento, coinvolge la fermentazione da parte di batteri e muffe, che sviluppano il sapore e la consistenza del formaggio.

- **Pane**
  Oltre alla lievitazione e alla cottura descritte sopra, il tipo di farina, il tempo di fermentazione e la temperatura influenzano profondamente il sapore e la struttura del pane. Il pane a lievitazione naturale, ad esempio, utilizza un mix di lieviti selvatici e batteri lattici, che conferiscono un sapore unico e una maggiore conservabilità.

Spero che questo capitolo ti fornisca una comprensione affascinante della chimica dietro la cucina e ti ispiri a sperimentare nuove ricette a casa.

Esercizi

1. Rispondi correttamente alle seguenti domande:

A. Cosa è la Caramellizzazione?

- *La produzione industriale delle caramelle.*
- *La decomposizione termica degli zuccheri a temperature elevate.*
- *La trasformazione degli zuccheri in miele.*

B. Cosa è la lievitazione?

- *Il processo con cui vengono fatti pane e dolci.*
- *La produzione di gas durante la fermentazione degli zuccheri da parte del lievito.*
- *Una razione chimica che fa trasformare un solido in gas.*

C. Cosa è la gelatinizzazione dell'amido?

- *La produzione di gelati tramite l'uso di amido.*
- *La trasformazione da gelatina e gelato tramite l'amido.*
- *Quando l'amido assorbe acqua e si gonfia se riscaldato, formando un gel.*

D. La Reazione di Maillard si verifica tra:

- *Aminoacidi (proteine) e zuccheri.*
- *Aminoacidi (proteine) e sostanze alcaline.*
- *Aminoacidi (proteine) e sostanze acide.*

E. Con la Coagulazione delle Proteine…

- *Le proteine si compattano e diventano super-proteiche.*
- *Le proteine denaturano e si legano insieme quando esposte al calore.*
- *Le proteine si legano insieme alle altre sostante presenti.*

F. Quale processo chimico addensa salse, zuppe e dolci?

- *La reazione di Maillard.*
- *La coagulazione delle proteine.*
- *La gelatinizzazione dell'amido.*

Soluzioni

Es. 1:

A = La decomposizione termica degli zuccheri a temperature elevate.
B = La produzione di gas durante la fermentazione degli zuccheri da parte del lievito.
C = Quando l'amido assorbe acqua e si gonfia se riscaldato, formando un gel.
D = Aminoacidi (proteine) e zuccheri.
E = Le proteine denaturano e si legano insieme quando esposte al calore.
F = La gelatinizzazione dell'amido.

CAPITOLO 12: LA CHIMICA DEL NOSTRO CORPO

Il corpo umano è un incredibile organismo biochimico, un complesso intreccio di reazioni chimiche che operano incessantemente per mantenere la vita.

Ogni secondo, miliardi di processi chimici avvengono in modo armonioso e coordinato, dalla respirazione cellulare alla digestione, dalla sintesi delle proteine alla regolazione ormonale. Questi processi sono il motore che ci permette di respirare, muoverci, pensare e rispondere agli stimoli esterni. Senza di essi, non potremmo esistere.

Comprendere la biochimica del nostro corpo ci offre una finestra privilegiata per apprezzare la complessità e la bellezza della vita umana.

12.1. I Processi Chimici del Corpo Umano

I processi chimici che avvengono nel nostro corpo sono straordinariamente complessi e ben coordinati.
Essi garantiscono che ogni cellula riceva l'energia e i nutrienti di cui ha bisogno, che i rifiuti vengano eliminati in modo efficiente e che il corpo risponda adeguatamente agli stimoli ambientali e interni.

La meraviglia della **biochimica umana** sta nella sua capacità di mantenere l'**omeostasi**, adattandosi costantemente ai cambiamenti e garantendo la sopravvivenza e la salute del nostro organismo. L'omeostasi, dunque, è il **processo attraverso il quale il corpo umano mantiene un ambiente interno stabile e costante**, nonostante le variazioni esterne. È un concetto fondamentale in fisiologia e si riferisce alla capacità del corpo di regolare vari parametri come temperatura corporea, pH del sangue, livelli di glucosio, e bilancio idrico ed elettrolitico.
Per esempio, consideriamo la regolazione della temperatura corporea. Se la temperatura esterna è molto alta o molto bassa, il corpo mette in atto meccanismi per mantenere la temperatura interna stabile intorno ai 37°C. Questo può includere la sudorazione per raffreddarsi o i brividi per riscaldarsi.
Allo stesso modo, quando mangiamo e digeriamo il cibo, i livelli di glucosio nel sangue aumentano. Il corpo risponde rilasciando insulina, che aiuta a ridurre il livello di

glucosio nel sangue e lo mantiene entro un intervallo sicuro.
L'omeostasi è essenziale per il corretto funzionamento delle cellule e, di conseguenza, dell'intero organismo. Senza di essa, le funzioni vitali verrebbero compromesse, portando a malattie o, nei casi più gravi, alla morte.

Detto ciò, **andiamo a vedere quali sono i più importanti processi biochimici che ci tengono in vita:**

- **RESPIRAZIONE CELLULARE: La centrale energetica del corpo.**
  La respirazione cellulare è un processo vitale che avviene all'interno dei **mitocondri**, spesso descritti come le **"centrali energetiche" delle cellule**. Durante questo processo, il glucosio, una molecola di zucchero, viene ossidato per produrre anidride carbonica, acqua ed energia sotto forma di **ATP (adenosina trifosfato)**, che è essenziale per molte funzioni cellulari, tra cui la contrazione muscolare, la sintesi delle proteine e la trasmissione nervosa.
  Questo complesso ciclo biochimico comprende tre fasi principali: GLICOLISI, CICLO DI KREBS e FOSFORILAZIONE OSSIDATIVA.
  - *La **GLICOLISI** è un processo biochimico fondamentale nel metabolismo energetico delle cellule. È la prima fase*

della respirazione cellulare, durante la quale una molecola di glucosio viene scomposta in due molecole di piruvato, producendo una piccola quantità di energia sotto forma di ATP (adenosina trifosfato) e NADH (nicotinamide adenina dinucleotide ridotta). Quindi, **la glicolisi è un processo essenziale perché fornisce energia rapidamente alle cellule,** *specialmente in condizioni anaerobiche (assenza di ossigeno), come nei muscoli durante esercizi intensi. Inoltre, il piruvato prodotto dalla glicolisi può essere utilizzato in ulteriori vie metaboliche, come il ciclo di Krebs e la fermentazione, per produrre ulteriori quantità di energia.*

- *Il* ***CICLO DI KREBS****, invece, noto anche come* ***ciclo dell'acido citrico o ciclo degli acidi tricarbossilici (TCA)****, è una serie di reazioni chimiche che avvengono nei mitocondri delle cellule eucariotiche. Questo ciclo è una parte fondamentale della respirazione cellulare e gioca un ruolo chiave nel metabolismo energetico. È attraverso questo ciclo che le cellule possono convertire i nutrienti in energia utilizzabile, permettendo così di sostenere le funzioni vitali.*

- *La* ***FOSFORILAZIONE OSSIDATIVA****, infine, è il processo finale della respirazione cellulare e rappresenta il meccanismo principale con cui le cellule producono ATP, la molecola di energia utilizzabile. Questo processo avviene nella membrana interna dei mitocondri e consiste in due fasi principali: la catena di trasporto degli elettroni e la sintesi di ATP. In sintesi, la fosforilazione* *ossidativa è un processo complesso ma estremamente efficiente che permette alle cellule di convertire l'energia immagazzinata nei nutrienti in ATP, la "valuta energetica" del corpo.*

- **DIGESTIONE: Trasformare il cibo in nutrienti.**

  La digestione è un processo multistadio che scompone il cibo in molecole più piccole che il corpo può assorbire e utilizzare.

  Questo inizia nella bocca con la masticazione e l'azione degli enzimi salivari.

  Nel tratto gastrointestinale, il cibo passa attraverso una serie di reazioni chimiche e fisiche: nello stomaco, l'**acido cloridrico** e gli **enzimi digestivi** iniziano a denaturare le proteine e a scomporre i grassi; nel duodeno, gli **enzimi pancreatici** e la **bile** emulsionano i grassi e degradano ulteriormente le proteine e i carboidrati.

  Infine, nel piccolo intestino, i nutrienti risultanti vengono assorbiti nelle cellule intestinali e trasportati nel sangue per essere utilizzati o immagazzinati.

CURIOSITÀ: Come mai l'acido cloridrico presente nello stomaco non corrode il nostro corpo da dentro?

L'acido cloridrico (HCl) presente nello stomaco è estremamente corrosivo e ha il compito di aiutare la digestione del cibo, in particolare delle proteine, e di eliminare eventuali batteri presenti negli alimenti. Tuttavia, il nostro corpo ha sviluppato diversi meccanismi di protezione per evitare che questo acido potente corrode i tessuti dello stomaco stesso.

- Barriera mucosa

Il rivestimento interno dello stomaco è coperto da uno spesso strato di muco, che funge da barriera protettiva tra l'epitelio dello stomaco e l'acido cloridrico. Questo muco è ricco di bicarbonato, che neutralizza l'acido vicino alla parete dello stomaco, mantenendo il pH in un intervallo sicuro per le cellule epiteliali.

- Produzione di cellule epiteliali

Le cellule epiteliali dello stomaco si rinnovano molto rapidamente, con un turnover cellulare che avviene ogni pochi giorni. Questo costante ricambio cellulare assicura che eventuali cellule danneggiate dall'acido vengano rapidamente sostituite da nuove cellule sane.

- Giunzioni strette

Le cellule epiteliali dello stomaco sono unite da giunzioni strette, che impediscono all'acido di penetrare tra le cellule e raggiungere i tessuti sottostanti. Queste giunzioni creano una barriera fisica che contribuisce a mantenere l'integrità della mucosa gastrica.

- Secrezione di bicarbonato

Le cellule del muco secernono bicarbonato (HCO_3^-), che neutralizza l'acido cloridrico direttamente a contatto con la mucosa gastrica. Questo aiuta a mantenere un ambiente più alcalino sulla superficie interna dello stomaco.

- Prostaglandine

Le prostaglandine sono composti che aiutano a stimolare la produzione di muco e bicarbonato, oltre a migliorare il flusso sanguigno alla mucosa gastrica, il che facilita la riparazione di eventuali danni cellulari.

- **SINTESI DELLE PROTEINE: Dall'informazione genetica alla funzione cellulare.**

  La sintesi delle proteine è un processo straordinariamente orchestrato che traduce il **codice genetico del DNA** in proteine funzionali.

  Questo processo inizia con la trascrizione, in cui un segmento di DNA viene copiato in **RNA messaggero (mRNA)**. L'mRNA viaggia dal nucleo al citoplasma, dove viene letto dai **ribosomi** durante la traduzione. In questa fase, i ribosomi assemblano **amminoacidi** in una **catena polipeptidica** seguendo la sequenza codificata nell'mRNA.

  Le proteine risultanti svolgono una miriade di funzioni nel corpo, incluse la catalisi delle reazioni enzimatiche, la trasmissione dei segnali, e il mantenimento della struttura cellulare.

APPROFONDIMENTO: Cosa è il Codice Genetico del DNA e come funziona?

Devi sapere che il nostro codice genetico del DNA è come una sorta di software già scritto quando nasciamo, in cui sono presenti tutte le istruzioni che il corpo elabora in tempo reale per vivere. Detto in altre parole, ***il codice genetico è come un linguaggio universale della vita, che traduce le istruzioni genetiche in funzioni biologiche concrete****. È alla base di tutta la biologia molecolare e ci permette di comprendere come le informazioni ereditarie siano utilizzate per costruire e mantenere l'organismo.*

Vuoi sapere come funziona?

Il DNA, o acido desossiribonucleico, è formato da due catene avvolte a formare una doppia elica. Le catene sono costituite da ***nucleotidi****, ciascuno composto da uno zucchero (desossiribosio), un gruppo fosfato e una base azotata. Le quattro basi azotate nel DNA sono adenina (A), timina (T), citosina (C) e guanina (G). L'adenina si appaia con la timina, e la citosina con la guanina, creando le "scale" della doppia elica.*

*Il codice genetico è anche costituito da triplette di basi azotate chiamate "****codoni****". Ogni codone specifica un amminoacido particolare. Ad esempio, il codone AUG codifica per l'amminoacido metionina, che spesso è il segnale di inizio per la sintesi proteica.*

Il processo di trascrizione converte una sequenza di DNA in RNA messaggero (mRNA). Questo avviene nel nucleo della cellula. Durante la trascrizione, l'enzima RNA polimerasi legge una delle catene del DNA e costruisce una catena complementare di mRNA, sostituendo la base timina con l'uracile (U).

Una volta prodotto, l'mRNA esce dal nucleo e si dirige ai ***ribosomi****, le "fabbriche" di proteine della cellula, nel* ***citoplasma****. Durante la traduzione, il ribosoma legge l'mRNA in triplette di nucleotidi (i codoni) e, grazie all'azione degli RNA di trasferimento (tRNA), aggiunge gli amminoacidi corrispondenti alla catena polipeptidica in crescita. Ogni tRNA ha un anticodone complementare al codone sull'mRNA e porta l'amminoacido corrispondente. La* ***catena polipeptidica*** *appena formata si ripiega in una struttura tridimensionale specifica, formando una* ***proteina funzionale****.*

Le proteine svolgono una vasta gamma di funzioni nel corpo, inclusa la ***catalisi delle reazioni chimiche (enzimi)****, il trasporto di molecole, la segnalazione cellulare e molto altro ancora.*

- **REGOLAZIONE ORMONALE: Il Sistema di Comunicazione del Corpo.**

  Gli ormoni sono **molecole segnale** prodotte da **ghiandole endocrine**, come la **tiroide**, le **ghiandole surrenali**, e il **pancreas**. Questi ormoni viaggiano nel sangue e interagiscono con recettori specifici sulle cellule bersaglio, modulando processi fisiologici quali il metabolismo, la crescita, e la risposta allo stress. Ad esempio, l'**insulina**, prodotta dal pancreas, regola i livelli di glucosio nel sangue facilitando l'assorbimento del glucosio nelle cellule. Un altro esempio è il **cortisolo**, un ormone dello stress rilasciato dalle **ghiandole surrenali**, che aumenta la produzione di glucosio e sopprime il sistema immunitario durante periodi di stress prolungato.

12.2. Come funziona una Cellula?

Le cellule sono le unità fondamentali della vita, e tutte le funzioni biologiche del corpo umano dipendono da loro.

Ogni cellula è una piccola fabbrica complessa con vari organelli e strutture, ciascuna con funzioni specifiche.

Ecco una panoramica di come funziona una cellula:

- **Membrana cellulare**
  La membrana cellulare è una barriera che circonda la cellula e regola l'ingresso e l'uscita di sostanze. È composta da un doppio strato di fosfolipidi con proteine immerse, che servono come canali e pompe per il trasporto di molecole.

- **Nucleo**
  Il nucleo è il centro di comando della cellula, contenente il DNA, che porta le istruzioni genetiche necessarie per la crescita, lo sviluppo e la riproduzione. All'interno del nucleo, il **nucleolo** è responsabile della produzione di ribosomi.

- **Ribosomi**

I ribosomi sono le "**fabbriche di proteine**" della cellula, dove avviene la sintesi proteica. Possono essere liberi nel citoplasma o attaccati al reticolo endoplasmatico rugoso.

- **Reticolo Endoplasmatico (RE)**
  Ci sono due tipi di RE:
  RE rugoso: Ricoperto di ribosomi, è coinvolto nella sintesi e nel trasporto delle proteine.
  RE liscio: Privo di ribosomi, è coinvolto nella sintesi dei lipidi e nel metabolismo dei carboidrati.

- **Apparato di Golgi**
  L'apparato di Golgi modifica, smista e confeziona le proteine e i lipidi prodotti dal RE per il trasporto verso le loro destinazioni finali, sia all'interno che all'esterno della cellula.

- **Mitocondri**
  I mitocondri sono le centrali energetiche della cellula. Producono ATP attraverso la respirazione cellulare, utilizzando ossigeno e nutrienti per generare energia.

- **Lisosomi e Perossisomi**
  Lisosomi: Contengono enzimi digestivi che degradano materiale ingerito, organelli danneggiati e altre macromolecole.

Perossisomi: Involti nella detossificazione delle sostanze nocive e nel metabolismo degli acidi grassi.

- **Citoplasma**
  Il citoplasma è il materiale gelatinoso che riempie la cellula e contiene tutti gli organelli (nucleo, mitocondri, lisosomi, ribosomi, ecc.). È composto principalmente da acqua, sali e proteine.

- **Citoscheletro**
  Il citoscheletro è una rete di filamenti proteici che conferisce forma alla cellula, ne sostiene l'organizzazione interna e facilita il movimento cellulare e il trasporto intracellulare.

- **Comunicazione e Segnalazione**
  Le cellule comunicano tra loro tramite segnali chimici. Recettori presenti sulla membrana cellulare rilevano queste molecole segnale, innescando risposte cellulari specifiche.

In conclusione, ogni cellula è un "mondo", dove ogni singola parte lavora in modo coordinato per mantenere le funzioni vitali, rispondere agli stimoli esterni, replicarsi e **mantenere l'omeostasi (ossia tenerci in salute!)**. **La straordinaria complessità e l'efficienza delle cellule sono alla base di tutta la vita biologica**.

Esercizi

1. Rispondi correttamente alle seguenti domande:

A. Che cosa è l'omeostasi?

- *Il processo attraverso il quale il corpo umano mantiene una temperatura stabile.*
- *Il processo attraverso il quale il corpo umano mantiene un ambiente interno stabile e costante.*
- *Il processo attraverso il quale il corpo umano aumenta le difese immunitarie.*

B. La respirazione cellulare…

- *Avviene all'interno dei mitocondri.*
- *È un falso mito.*
- *Non prevede la glicolisi.*

C. Il ciclo di Krebs è anche detto:

- *Ciclo insulinico.*
- *Ciclo fosfolipidico.*
- *Ciclo dell'acido citrico.*

D. La digestione inizia…

- *Con l'azione degli enzimi salivari.*
- *Con l'azione degli enzimi digestivi.*
- *Con l'azione degli enzimi pancreatici.*

E. Aiuta a proteggere il nostro stomaco dall'acido cloridrico…

- *Il pancreas.*
- *La bile.*
- *La barriera mucosa.*

F. Le proteine svolgono una vasta gamma di funzioni nel corpo, tranne…

- *Assorbire calcio nell'intestino.*
- *La catalisi delle reazioni chimiche (enzimi).*
- *Il trasporto di molecole e la segnalazione cellulare.*

Soluzioni

Es. 1:

A = Il processo attraverso il quale il corpo umano mantiene un ambiente interno stabile e costante.
B = Avviene all'interno dei mitocondri.
C = Ciclo dell'acido citrico.
D = Con l'azione degli enzimi salivari.
E = La barriera mucosa.
F = Assorbire calcio nell'intestino.

CAPITOLO 13: DIVENTARE UN CHIMICO!

13.1. Progetti ed Esperimenti

Essere un chimico significa essere curioso, creativo e disposto a sperimentare. I progetti e gli esperimenti sono il cuore della pratica chimica, permettendo di esplorare nuove idee, testare ipotesi e scoprire fenomeni affascinanti.

Ecco alcuni progetti e esperimenti che puoi provare:

Esperimento 1: Vulcano di Bicarbonato e Aceto

Occorrente:

- *Bicarbonato di sodio*
- *Aceto*
- *Colorante alimentare rosso*
- *Bottiglia di plastica*
- *Cartone e colla per costruire il vulcano*

Procedimento:
Costruisci il vulcano intorno alla bottiglia usando cartone e colla.
Versa il bicarbonato di sodio all'interno della bottiglia.
Aggiungi qualche goccia di colorante alimentare rosso.

Versa l'aceto nella bottiglia e osserva la reazione effervescente.

Spiegazione Chimica:
La reazione tra il bicarbonato di sodio ($NaHCO_3$) e l'aceto (CH_3COOH) produce anidride carbonica (CO_2), acqua (H_2O) e acetato di sodio (CH_3COONa). La CO_2 è responsabile dell'effervescenza e dell'effetto "eruzione".

Esperimento 2: Cristalli di Zucchero

Occorrente:

- *Zucchero*
- *Acqua*
- *Spiedini di legno*
- *Barattoli di vetro*
- *Colorante alimentare (opzionale)*

Procedimento:
Scalda l'acqua e aggiungi zucchero fino a saturazione (non si scioglie più).
Aggiungi colorante alimentare se desideri cristalli colorati.
Versa la soluzione in barattoli di vetro.
Immergi gli spiedini di legno e lasciali riposare per alcuni giorni.

Spiegazione Chimica:
La formazione di cristalli di zucchero avviene quando l'acqua evapora e le molecole di zucchero si organizzano in una struttura cristallina.

13.2. Idee per Progetti di Scienze

Ecco alcune idee per progetti di scienze che ti permetteranno di esplorare ulteriormente la chimica:

Progetto 1: Effetto della Temperatura sulla Solubilità

Domanda di Ricerca:
Come influisce la temperatura sulla solubilità del sale in acqua?

Procedimento:

- Sciogliere quantità uguali di sale in acqua a diverse temperature.
- Misurare la quantità di sale che si dissolve in ciascuna condizione.

Conclusione:
Confronta i risultati e determina come la temperatura influisce sulla solubilità.

Progetto 2: Indicatori di pH Naturali

Domanda di Ricerca:
Quali sostanze naturali possono essere utilizzate come indicatori di pH?

Procedimento:

- Preparare estratti di varie sostanze naturali (cavolo rosso, spinaci, curcuma).

- Testare gli estratti con acidi e basi comuni (aceto, bicarbonato di sodio).

Conclusione:
Documenta i cambiamenti di colore e identifica gli indicatori più efficaci.

Progetto 3: Bioenergia da Rifiuti Organici

Domanda di Ricerca:
È possibile generare bioenergia dai rifiuti organici?

Procedimento:

- Raccolta di rifiuti organici (scarti di cibo, foglie).

- Utilizzo di un biodigestore per produrre biogas.

- Misurare la quantità di gas prodotto e confrontare con vari tipi di rifiuti.

Conclusione:
Valuta l'efficacia del processo e il potenziale di bioenergia.

13.3. Suggerimenti per Esplorare la Chimica in modo autonomo

Esplorare la chimica autonomamente può essere entusiasmante e gratificante.

Ecco alcuni suggerimenti per iniziare:

- **Leggi e Studia**
  Libri e Riviste: Cerca libri di chimica per principianti e riviste scientifiche per restare aggiornato sulle ultime scoperte.
  Risorse Online: Siti web educativi e video tutorial possono fornire spiegazioni dettagliate e esperimenti da provare a casa.

- **Partecipa a Gruppi e Club**
  Gruppi di Scienze: Unisciti a gruppi o club di scienze nella tua scuola o comunità per condividere idee e progetti con altri appassionati.

- Competizioni Scientifiche: Partecipa a fiere scientifiche e competizioni per sfidare te stesso e presentare le tue scoperte.

- **Esperimenta e Documenta**
  Laboratorio a Casa: Crea un piccolo laboratorio a casa con attrezzature di base e materiali sicuri per condurre esperimenti.

  Diario di Laboratorio: Tieni un diario di laboratorio per documentare le tue osservazioni, ipotesi, esperimenti e conclusioni.

RICORDA: La Sicurezza Prima di Tutto:

- **Dispositivi di Protezione**: Utilizza sempre occhiali di sicurezza, guanti e altri dispositivi di protezione.
- **Ventilazione**: Assicurati di lavorare in un'area ben ventilata per evitare l'inalazione di vapori o gas nocivi.
- **Supervisione**: Se sei giovane, lavora sotto la supervisione di un adulto per garantire la sicurezza durante gli esperimenti.

Spero che questo capitolo ti ispiri a esplorare la chimica e a divertirti con esperimenti e progetti scientifici.

LEGGI DELLA CHIMICA

Ecco un elenco parziale delle principali Leggi della Chimica con una breve spiegazione di ciascuna.

Alcune, giocoforza, sono in comune con la Fisica, dato che fisica e chimica sono discipline strettamente correlate che studiano gli stessi fenomeni naturali, ma da prospettive diverse.
Le leggi comuni tra fisica e chimica derivano dalla loro interconnessione nel descrivere la natura fondamentale della materia e dell'energia. Le due discipline sono complementari e spesso si sovrappongono, arricchendo la nostra comprensione del mondo naturale.

- **Legge di Conservazione della Massa (Antoine Lavoisier)**: In una reazione chimica, la massa totale dei reagenti è uguale alla massa totale dei prodotti. Nulla si crea, nulla si distrugge, ma tutto si trasforma.

- **Legge delle Proporzioni Definite (Joseph Proust)**: Un composto chimico puro contiene sempre gli stessi elementi combinati nelle stesse proporzioni in massa.

- **Legge delle Proporzioni Multiple (John Dalton)**: Quando due elementi formano più di un composto tra loro, le diverse masse di uno degli elementi che si combinano con una quantità fissa dell'altro sono in rapporto di numeri interi piccoli.

- **Legge di Boyle-Mariotte**: A temperatura costante, il volume di un gas è inversamente proporzionale alla sua pressione ($P \times V =$ costante).

- **Legge di Charles**: A pressione costante, il volume di un gas è direttamente proporzionale alla sua temperatura assoluta ($V \propto T$).

- **Legge di Avogadro**: Volumi uguali di gas diversi, alla stessa temperatura e pressione, contengono lo stesso numero di molecole.

- **Legge di Raoult**: La pressione di vapore di una soluzione è direttamente proporzionale alla frazione molare del solvente puro nella soluzione.

- **Legge di Henry**: La quantità di gas disciolto in un liquido è proporzionale alla pressione parziale del gas sopra il liquido.

- **Principio di Le Chatelier**: Se un sistema in equilibrio è soggetto a una modifica di concentrazione, temperatura o pressione, il sistema si adatterà per contrastare il cambiamento e ristabilire l'equilibrio.

- **Legge della Conservazione dell'Energia**: L'energia non può essere né creata né distrutta, ma solo trasformata da una forma all'altra.

- **Legge Zero della Termodinamica**: Se due sistemi sono in equilibrio termico con un terzo sistema, allora sono in equilibrio termico tra loro.

- **Prima Legge della Termodinamica**: L'energia totale di un sistema chiuso è costante. È una riformulazione della legge di conservazione dell'energia.

- **Seconda Legge della Termodinamica**: L'entropia totale di un sistema isolato può solo aumentare nel tempo, raggiungendo il massimo all'equilibrio.

- **Terza Legge della Termodinamica**: Quando un sistema si avvicina allo zero assoluto, l'entropia di un cristallo perfetto si avvicina a zero.

- **Legge di Hess**: L'energia totale di una reazione chimica è la somma delle energie delle reazioni parziali in cui la reazione complessiva può essere suddivisa. Questo implica che il cambiamento di entalpia (ΔH) di una reazione è indipendente dal percorso preso dalla reazione stessa.

- **Legge di Faraday dell'Elettrolisi**: La quantità di sostanza che viene elettrolizzata (deposta o dissolta) su un elettrodo è proporzionale alla quantità di corrente elettrica che passa attraverso la soluzione.

- **Legge di Graham sulla Diffusione**: Il tasso di diffusione di un gas è inversamente proporzionale alla radice quadrata della sua massa molare. Questo significa che gas più leggeri diffondono più rapidamente rispetto ai gas più pesanti.

- **Principio di Pauli**: In un atomo, due elettroni non possono avere gli stessi quattro numeri quantici. Questo principio spiega la struttura elettronica degli atomi e la disposizione degli elettroni negli orbitali.

- **Principio di Aufbau**: Gli elettroni riempiono gli orbitali atomici a partire da quelli a energia più bassa verso quelli a energia più alta. Questo principio guida la configurazione elettronica degli atomi.

- **Regola dell'Ottetto**: Gli atomi tendono a guadagnare, perdere o condividere elettroni in modo tale da avere otto elettroni nel loro guscio di valenza, raggiungendo una configurazione elettronica stabile come quella dei gas nobili.

- **Legge di Nernst**: L'equazione di Nernst descrive la relazione tra il potenziale di riduzione di un elettrodo e la concentrazione degli ioni associati, permettendo di calcolare il potenziale di una cella elettrochimica.

- **Legge di Fick**: Descrive la diffusione di soluti in una soluzione. La prima legge di Fick afferma che il flusso di diffusione è proporzionale al gradiente di concentrazione.

BIBLIOGRAFIA ESSENZIALE

Libri di Chimica Generale

- *Atkins' Physical Chemistry di Peter Atkins e Julio de Paula*
  Un testo completo che copre i fondamenti della chimica fisica.

- *Principles of General Chemistry di Martin S. Silberberg*
  Una risorsa utile per studenti principianti che desiderano una spiegazione chiara dei concetti di base.

- *Chemistry: The Central Science di Theodore L. Brown, H. Eugene LeMay, Bruce E. Bursten, e Catherine Murphy*
  Considerato uno dei libri più autorevoli per l'insegnamento della chimica generale.

Libri di Chimica Organica

- *Organic Chemistry di Paula Yurkanis Bruice*
  Un approccio dettagliato e aggiornato alla chimica organica, con molti esempi pratici.

- *Organic Chemistry di Jonathan Clayden, Nick Greeves, Stuart Warren, e Peter Wothers*
  Un libro che enfatizza la comprensione dei meccanismi e delle reazioni chimiche organiche.

Libri di Chimica Ambientale

- *Environmental Chemistry di Stanley E. Manahan*
  Un testo che esplora l'impatto dell'attività umana sull'ambiente e le soluzioni chimiche per la sostenibilità.

- *Green Chemistry: Theory and Practice di Paul T. Anastas e John C. Warner*
  Un'opera fondamentale per comprendere i principi della chimica verde.

Libri di Chimica Fisica

- *Physical Chemistry di Peter Atkins e Julio de Paula*
  Una risorsa approfondita sulla chimica fisica, coprendo termodinamica, cinetica e meccanica quantistica.

Libri di Chimica in Cucina

- *On Food and Cooking: The Science and Lore of the Kitchen di Harold McGee*

Un classico che esplora la chimica dietro la preparazione degli alimenti.

- *The Science of Cooking: Every Question Answered to Perfect Your Cooking di Dr. Stuart Farrimond*
  Una guida pratica alla comprensione della chimica in cucina.

Altre Risorse Utili

- *Periodic Table: A Very Short Introduction di Eric Scerri*
  Un'introduzione rapida e accessibile alla tavola periodica e ai suoi elementi.

- *The Disappearing Spoon: And Other True Tales of Madness, Love, and the History of the World from the Periodic Table of the Elements di Sam Kean*
  Una lettura affascinante che intreccia storia, chimica e aneddoti divertenti.

Riviste Scientifiche

- *Journal of the American Chemical Society (JACS)*
  Pubblicazioni scientifiche all'avanguardia nel campo della chimica.

- *Nature Chemistry*
  Rivista che copre le scoperte e le ricerche più recenti nel campo della chimica.

GLOSSARIO

Ti riporto un glossario dei termini chimici incontrati nel libro. Sfruttalo per rinfrescarti la memoria e ripetere.

A

Acido: Sostanza che dona protoni (H^+) o accetta coppie di elettroni durante una reazione chimica. Gli acidi aumentano la concentrazione di ioni H^+ in una soluzione acquosa.
Alcalino: Termine usato per descrivere una base forte, tipicamente soluzioni di idrossidi di metalli alcalini come il sodio o il potassio.
Alcaloide: Sostanze organiche azotate, generalmente di origine vegetale, con effetti fisiologici potenti su organismi viventi.
Alchimia: Pratica antica che combina elementi di chimica, fisica, medicina e filosofia per trasformare materiali, come tentare di trasformare il piombo in oro.
Anione: Ione con carica negativa, ottenuta guadagnando uno o più elettroni.
Apparato del Golgi: Organello cellulare che modifica, immagazzina e trasporta prodotti cellulari, particolarmente proteine e lipidi.
Astrochimica: Studio della composizione chimica e delle reazioni che avvengono nello spazio e negli oggetti celesti.
Atomo: Particella fondamentale della materia costituita da un nucleo (contenente protoni e neutroni) e da elettroni che orbitano intorno.

B

Base: Sostanza che accetta protoni (H^+) o dona coppie di elettroni durante una reazione chimica. Le basi aumentano la concentrazione di ioni OH^- in una soluzione acquosa.
Biochimica: Studio dei processi chimici all'interno e relativi agli organismi viventi.
Bioplastica: Tipo di plastica derivata da fonti rinnovabili biologiche, come oli vegetali e amidi.
Biossido: Composto contenente due atomi di ossigeno legati a un altro elemento.

C

Caramellizzazione: Processo di riscaldamento degli zuccheri che provoca reazioni chimiche producendo colori scuri e sapori complessi.
Carne Coltivata: Carne prodotta attraverso la coltivazione di cellule animali in laboratorio piuttosto che attraverso l'allevamento e la macellazione degli animali.
Catione: Ione con carica positiva, ottenuta perdendo uno o più elettroni.
Cellula: Unità fondamentale della vita, delimitata da una membrana e capace di svolgere tutte le funzioni vitali.
Cellula Staminale: Cellula non specializzata capace di differenziarsi in vari tipi di cellule specializzate.
Celluloide: Primo materiale plastico sintetico, derivato dalla cellulosa e utilizzato principalmente nelle pellicole cinematografiche.
Cellulosa: Polimero naturale costituito da molecole di glucosio, principale componente delle pareti cellulari delle piante.

Chimica: Scienza che studia la composizione, struttura, proprietà e trasformazioni della materia.

Chimica Ambientale: Disciplina che studia l'impatto delle attività umane sull'ambiente e le modalità per mitigare questi effetti.

Chimica Analitica: Ramo della chimica che si occupa dell'analisi della composizione chimica delle sostanze.

Chimica Computazionale: Utilizzo di simulazioni informatiche e modelli teorici per studiare le proprietà e il comportamento delle molecole chimiche.

Chimica dei Materiali: Studio delle proprietà chimiche e fisiche dei materiali e delle loro applicazioni tecnologiche.

Chimica Farmaceutica: Disciplina che si occupa della progettazione, sintesi e sviluppo di farmaci.

Chimica Fisica: Studio dei principi fisici che governano i processi chimici, inclusa la termodinamica, la cinetica e la struttura della materia.

Chimica Industriale: Applicazione della chimica nei processi industriali per la produzione di beni e materiali.

Chimica Inorganica: Studio dei composti chimici che non contengono legami carbonio-idrogeno.

Chimica Medica: Ramo della chimica che studia la progettazione e l'azione di nuovi farmaci.

Chimica Nucleare: Studio delle proprietà e delle reazioni dei nuclei atomici.

Chimica Organica: Ramo della chimica che studia i composti contenenti carbonio.

Chimica Quantistica: Studio dei fenomeni chimici attraverso i principi della meccanica quantistica.

Ciclo di Krebs: Serie di reazioni chimiche utilizzate dalle cellule per produrre energia attraverso l'ossidazione dell'acetil-CoA derivato da carboidrati, grassi e proteine.

Cinetica Chimica: Studio della velocità delle reazioni chimiche e dei fattori che le influenzano.
Citoplasma: Sostanza gelatinosa all'interno della cellula che circonda gli organelli.
Citoscheletro: Rete di filamenti proteici che fornisce supporto strutturale alla cellula e ne facilita il movimento.
Clorofilla: Pigmento verde presente nelle piante che cattura la luce solare per la fotosintesi.

Cloruro: Ione cloro con carica negativa (Cl^-), comunemente trovato in molti sali.
Coagulazione: Processo attraverso il quale un liquido, come il sangue, si trasforma in un solido o semisolido.
Codice Genetico: Sistema di codifica attraverso il quale l'informazione genetica viene tradotta in proteine.
Collisione: Interazione tra particelle che può portare a una reazione chimica.
Combustione: Reazione chimica che avviene tra una sostanza e l'ossigeno, producendo calore e luce.
Composto Chimico: Sostanza costituita da due o più elementi chimici legati insieme in proporzioni definite.
Composto Covalente: Composto chimico in cui gli atomi sono legati tra loro attraverso legami covalenti.
Composto Inorganico: Composto chimico che generalmente non contiene legami carbonio-idrogeno.
Composto Ionico: Composto chimico costituito da cationi e anioni tenuti insieme da forze elettrostatiche.
Composto Metallico: Composto chimico che contiene uno o più metalli.
Composto Molecolare: Composto costituito da molecole formate da atomi legati covalentemente.
Composto Organico: Composto chimico contenente carbonio, comunemente trovato negli organismi viventi.

Concentrazione Chimica: Quantità di soluto presente in una data quantità di soluzione.
Condensazione: Processo attraverso il quale un gas si trasforma in liquido.
Conducibilità: Capacità di un materiale di condurre calore o elettricità.
Corrosione: Deterioramento di un materiale, di solito un metallo, causato da reazioni chimiche con l'ambiente circostante.
Costante di Avogadro: Numero di particelle (atomi, molecole, ioni, ecc.) presenti in una mole di sostanza.
Costante di Equilibrio: Valore che esprime il rapporto tra le concentrazioni dei prodotti e dei reagenti all'equilibrio per una reazione chimica.
Cottura: Processo di preparazione degli alimenti mediante l'applicazione di calore.
Cristallo: Solido con una struttura atomica ordinata e periodica.

D

Decadimento: Processo di trasformazione spontanea di un nucleo instabile in uno stabile, con emissione di particelle o radiazioni.
Decomposizione: Processo chimico in cui una sostanza viene scomposta in due o più sostanze più semplici.
Deposizione: Processo in cui particelle sospese in un fluido si depositano su una superficie.
Diagramma Energetico: Grafico che mostra il cambiamento di energia durante una reazione chimica.
Digestione: Processo attraverso il quale gli organismi scompongono il cibo in nutrienti assorbibili.

Dissoluzione: Processo di dissoluzione di un soluto in un solvente per formare una soluzione.
DNA: Acido desossiribonucleico, molecola che contiene l'informazione genetica degli organismi.

E

Ebollizione: Processo di transizione di una sostanza dallo stato liquido a quello gassoso con formazione di bolle di vapore.
Elemento Chimico: Sostanza pura costituita da atomi dello stesso tipo, con lo stesso numero di protoni.
Elettrochimica: Ramo della chimica che studia le reazioni chimiche che coinvolgono il trasferimento di elettroni, come l'elettrolisi e le celle a combustibile.
Elettrodialisi: Processo che utilizza una corrente elettrica per separare gli ioni attraverso membrane semipermeabili.
Elettrolisi: Processo di decomposizione di una sostanza chimica attraverso l'applicazione di una corrente elettrica.
Elettromagnetismo: Studio delle forze e dei campi elettrici e magnetici e delle loro interazioni con la materia.
Elettrone: Particella subatomica con carica negativa che orbita attorno al nucleo di un atomo.
Endotermico: Riferito a una reazione o processo che assorbe calore dall'ambiente circostante.
Energia: Capacità di un sistema di compiere lavoro; può presentarsi in varie forme, come cinetica, potenziale, termica, elettrica, ecc.
Energia di Attivazione: Energia minima necessaria per avviare una reazione chimica.
Entalpia: Misura del contenuto di calore totale di un sistema a pressione costante.

Entropia: Misura del disordine o della casualità in un sistema; rappresenta la tendenza naturale dei sistemi a evolvere verso lo stato di massimo disordine.
Enzima: Proteina che agisce come catalizzatore biologico, accelerando le reazioni chimiche nei sistemi viventi.
Equilibrio Chimico: Stato in cui le velocità delle reazioni diretta e inversa sono uguali, e le concentrazioni dei reagenti e dei prodotti rimangono costanti nel tempo.
Esotermico: Riferito a una reazione o processo che rilascia calore nell'ambiente circostante.
Esperimento Chimico: Attività scientifica che prevede la manipolazione e osservazione di sostanze chimiche per studiarne le proprietà e le reazioni.
Evaporazione: Processo attraverso il quale un liquido si trasforma in vapore senza raggiungere il punto di ebollizione.

F

Farmaco: Sostanza chimica utilizzata per trattare, curare o prevenire malattie.
Fase: Stato della materia in cui una sostanza può esistere, come solido, liquido o gas.
Fissione: Processo di divisione di un nucleo atomico pesante in nuclei più leggeri, rilasciando una grande quantità di energia.
Fluidità: Proprietà dei liquidi e dei gas di scorrere e adattarsi alla forma del contenitore che li contiene.
Fluoruro: Composto contenente l'anione fluoro.
Formula Chimica: Rappresentazione simbolica della composizione di un composto, indicante il tipo e il numero di atomi presenti.

Fosfato: Sale o estere dell'acido fosforico.
Fosforilazione Ossidativa: Processo mediante il quale le cellule producono ATP, la molecola energetica, utilizzando l'energia rilasciata dall'ossidazione dei nutrienti.
Fotosintesi: Processo mediante il quale le piante verdi, le alghe e alcuni batteri trasformano l'energia luminosa in energia chimica, producendo glucosio e ossigeno a partire da acqua e anidride carbonica.
Fullereni: Molecole di carbonio con strutture a gabbia simili a palloni da calcio, composte interamente da atomi di carbonio.
Fusione: Processo di transizione di una sostanza dallo stato solido a quello liquido.

G

Gas: Stato della materia caratterizzato da molecole che si muovono liberamente e riempiono interamente il volume del contenitore.
Gas Nobili: Elementi chimici del gruppo 18 della tavola periodica, caratterizzati da bassissima reattività, come elio, neon, argon, kripton, xenon e radon.
Gelatinizzazione: Processo attraverso il quale l'amido si gonfia e assorbe acqua durante la cottura, trasformandosi in una gelatina.
Glicolisi: Via metabolica che scompone il glucosio in piruvato, producendo ATP e NADH.

H

H_2O: Formula dell'acqua.

I

Idrossido: Composto contenente il gruppo idrossido.
Induzione: Processo di generazione di corrente elettrica in un conduttore mediante un campo magnetico variabile.
Insulina: Ormone prodotto dal pancreas che regola i livelli di glucosio nel sangue.
Ione: Atomo o molecola con una carica elettrica netta dovuta alla perdita o all'acquisto di uno o più elettroni.

L

Legame Chimico: Forza che tiene insieme due o più atomi in una molecola o composto.
Legame Chimico Secondario: Interazioni deboli tra molecole, come le forze di Van der Waals e i legami a idrogeno.
Legame Doppio: Legame chimico in cui due coppie di elettroni sono condivise tra due atomi.
Legame Idrogeno: Tipo di legame chimico debole che si forma tra un atomo di idrogeno legato covalentemente a un atomo molto elettronegativo (come ossigeno o azoto) e un altro atomo elettronegativo.
Legame Ionico: Legame chimico risultante dall'attrazione elettrostatica tra ioni con cariche opposte.
Legame Semplice: Legame chimico in cui una sola coppia di elettroni è condivisa tra due atomi.
Legame Triplo: Legame chimico in cui tre coppie di elettroni sono condivise tra due atomi.
Lievitazione: Processo di aumento di volume della pasta dovuto all'azione di agenti lievitanti che producono gas.

Lievito: Microrganismo usato in panificazione e fermentazione per produrre anidride carbonica e alcol.
Lipidi: Gruppo di molecole organiche insolubili in acqua, che includono grassi, oli, fosfolipidi e steroidi.
Liposoma: Vescicola sferica composta da uno o più doppi strati lipidici, utilizzata per la somministrazione di farmaci.
Liquido: Stato della materia con volume definito ma forma variabile, adattandosi al contenitore che lo contiene.
Lisosoma: Organello cellulare contenente enzimi digestivi che degradano macromolecole.

M

Macromolecola: Molecola molto grande, solitamente composta da migliaia o milioni di atomi.
Massa Atomica: Massa media di un atomo, basata sulle abbondanze relative degli isotopi.
Medicina: Scienza e pratica che si occupano della diagnosi, cura e prevenzione delle malattie.
Membrana Cellulare: Struttura fosfolipidica che circonda la cellula, controllando il passaggio di sostanze dentro e fuori dalla cellula.
Metabolismo: Insieme delle reazioni chimiche che avvengono in un organismo per mantenere la vita.
Miscela: Combinazione di due o più sostanze in cui ciascuna mantiene le proprie proprietà chimiche.
Miscela Eterogenea: Miscela in cui i componenti sono distribuiti in modo non uniforme.
Miscela Omogenea: Miscela in cui i componenti sono distribuiti uniformemente.

Mitocondrio: Organello cellulare responsabile della produzione di energia attraverso la respirazione cellulare.
Modello Atomico: Rappresentazione teorica della struttura dell'atomo.
Mole: Unità di misura che rappresenta 6.022×10^{23} particelle (atomi, molecole, ioni, ecc.) di una sostanza.
Molecola: Gruppo di atomi legati chimicamente tra loro.
mRNA: RNA messaggero, molecola che trasporta l'informazione genetica dal DNA ai ribosomi per la sintesi proteica.

N

Nanotecnologia: Campo della scienza e dell'ingegneria che manipola materiali su scala nanometrica (1-100 nm).
Neutrone: Particella subatomica senza carica elettrica, presente nel nucleo degli atomi.
Nitrato: Composto contenente l'anione nitrato.
Nitrito: Composto contenente l'anione nitrito.
Nucleazione: Processo iniziale che porta alla formazione di una nuova fase o struttura, come la formazione di bolle in un liquido surriscaldato o la cristallizzazione da una soluzione.
Nucleo Atomico: Centro denso dell'atomo, costituito da protoni e neutroni.
Nucleolo: Struttura all'interno del nucleo delle cellule eucariotiche dove avviene la sintesi dei ribosomi.
Numero Atomico: Numero di protoni presenti nel nucleo di un atomo, che definisce l'identità dell'elemento chimico.
Nutrienti: Sostanze necessarie agli organismi per la crescita, il metabolismo e la riparazione dei tessuti.

Omeostasi: Capacità di un organismo di mantenere un ambiente interno stabile nonostante le variazioni esterne.
Osmosi: Movimento dell'acqua attraverso una membrana semipermeabile da una soluzione a bassa concentrazione di soluti a una soluzione ad alta concentrazione di soluti.
Ossido: Composto chimico contenente ossigeno legato ad un altro elemento.

P

Particella: Piccola quantità di materia, come atomi, molecole, protoni, neutroni, ecc.
Perossisoma: Organello cellulare che contiene enzimi per la degradazione dei perossidi.
pH: Misura della concentrazione di ioni idrogeno in una soluzione, che indica il grado di acidità o basicità.
Plasma: Stato della materia costituito da un gas ionizzato con elettroni liberi e ioni.
Plastica: Materiale sintetico costituito da polimeri organici, usato in una vasta gamma di applicazioni.
Polimerizzazione: Processo mediante il quale piccole molecole (monomeri) si uniscono per formare molecole più grandi (polimeri).
Polimero: Grande molecola costituita da molte unità ripetitive (monomeri).
Premio Nobel: Riconoscimento internazionale assegnato annualmente per risultati eccezionali in vari campi, tra cui la chimica.
Proteina: Macromolecola costituita da una o più catene di amminoacidi, che svolge numerose funzioni biologiche.

Protone: Particella subatomica con carica positiva presente nel nucleo degli atomi.

Punto di Saturazione: Condizione in cui una soluzione contiene la massima quantità di soluto che può essere sciolta a una data temperatura e pressione.

Q

Quark: Particella elementare che costituisce protoni e neutroni.

R

Radioattività: Emissione spontanea di particelle o radiazioni da un nucleo instabile.

RE Liscio: Reticolo endoplasmatico senza ribosomi associati, coinvolto nella sintesi dei lipidi e nella detossificazione.

RE Rugoso: Reticolo endoplasmatico con ribosomi associati, coinvolto nella sintesi proteica.

Reazione Acido-Base: Reazione chimica che coinvolge il trasferimento di protoni tra un acido e una base.

Reazioni Chimiche: Processi in cui le sostanze reagiscono tra loro per formare nuove sostanze con proprietà chimiche differenti.

Reazioni Nucleari: Reazioni che coinvolgono cambiamenti nel nucleo degli atomi, come la fissione o la fusione nucleare.

Reticolo Endoplasmatico: Sistema di membrane interconnesse presente nelle cellule eucariotiche, suddiviso in RE liscio e RE rugoso.

Reversibilità: Capacità di una reazione chimica di procedere sia nella direzione diretta che in quella inversa.
RNA: Acido ribonucleico, molecola che svolge ruoli cruciali nella sintesi proteica e nella regolazione dell'espressione genica.
Ribosoma: Complesso macromolecolare che sintetizza proteine traducendo l'informazione genetica contenuta nell'mRNA.

S

Saturazione: Condizione in cui una soluzione contiene la massima quantità di soluto dissolvibile a una data temperatura e pressione.
Schiuma: Miscela eterogenea di gas dispersi in un liquido o solido.
Secrezione: Processo mediante il quale le cellule rilasciano sostanze utili, come enzimi e ormoni, all'esterno della cellula.
Simbolo Chimico: Abbreviazione usata per rappresentare un elemento chimico, come O per ossigeno o H per idrogeno.
Sintesi Diretta: Reazione chimica in cui due o più sostanze semplici si combinano per formare una sostanza più complessa.
Sistema Chimico: Insieme di reagenti e prodotti coinvolti in una reazione chimica.
Sistema Aperto: Sistema che scambia materia ed energia con l'ambiente circostante.
Sistema Chiuso: Sistema che scambia energia ma non materia con l'ambiente circostante.
Sistema Isolato: Sistema che non scambia né materia né energia con l'ambiente circostante.

Solfato: Composto contenente l'anione solfato.
Solfito: Composto contenente l'anione solfito.
Solfuro: Composto contenente lo ione solfuro.
Solidificazione: Processo di transizione di una sostanza dallo stato liquido a quello solido.
Solido: Stato della materia caratterizzato da volume e forma definiti.
Solubilità: Capacità di una sostanza di sciogliersi in un solvente per formare una soluzione.
Soluto: Sostanza che si dissolve in un solvente per formare una soluzione.
Soluzione: Miscela omogenea di due o più sostanze in cui una o più sostanze (soluti) sono disciolte in un'altra (solvente).
Solvente: Sostanza che dissolve un soluto formando una soluzione.
Sospensione: Miscela eterogenea in cui particelle solide sono disperse in un liquido senza dissolversi.
Sostanze Composte: Sostanze formate da due o più elementi chimicamente combinati in proporzioni definite.
Sostanze Semplici: Sostanze formate da un solo elemento.
Spettroscopia: Tecnica analitica che studia l'interazione della luce con la materia per determinare la composizione e la struttura chimica.
Stabilità dei Composti: Capacità di un composto chimico di mantenere la sua struttura e proprietà in condizioni normali.
Stato di Aggregazione: Forma fisica in cui una sostanza può esistere: solido, liquido, gas o plasma.
Stechiometria: Studio delle relazioni quantitative tra le quantità di reagenti e prodotti nelle reazioni chimiche.

Sublimazione: Processo di transizione diretta di una sostanza dallo stato solido a quello gassoso senza passare per lo stato liquido.

T

Tavola Periodica: Rappresentazione tabellare degli elementi chimici organizzati in base al numero atomico crescente e alle proprietà chimiche.
Temperatura: Misura dell'energia cinetica media delle particelle in una sostanza; determina il grado di calore.
Tensione Superficiale: Forza che agisce sulla superficie di un liquido, causata dall'attrazione tra le molecole del liquido.
Teoria Atomica: Teoria scientifica che descrive la natura della materia in termini di atomi.
Termodinamica Chimica: Studio delle relazioni tra energia, calore, lavoro e le trasformazioni chimiche.
Trasformazione Chimica: Processo che comporta la rottura e la formazione di legami chimici, portando alla produzione di nuove sostanze.

U

Urea: Composto organico prodotto finale del metabolismo delle proteine negli organismi.

V

Vaporizzazione: Processo di trasformazione di una sostanza dallo stato liquido a quello gassoso.
Viscosità: Resistenza di un fluido allo scorrimento.

Vitamina: Sostanza organica essenziale per il metabolismo, che deve essere assunta con la dieta in piccole quantità.

CONCLUSIONI

La chimica è una scienza affascinante che ci aiuta a comprendere i segreti della materia, le sue proprietà e le trasformazioni che avvengono ogni giorno intorno a noi. Attraverso questo manuale, abbiamo fatto un viaggio entusiasmante esplorando i principi fondamentali della chimica e le sue innumerevoli applicazioni nella vita quotidiana.
Abbiamo iniziato dalle basi, comprendendo come gli atomi e le molecole si combinano e reagiscono, fino ad arrivare alle reazioni chimiche che avvengono nella cucina e nelle industrie. Ogni capitolo ha svelato un po' di più sulla complessità e la bellezza di questa disciplina.
La chimica non è solo una serie di formule e reazioni, ma è una chiave per capire il mondo che ci circonda. È grazie alla chimica che possiamo comprendere perché il ghiaccio galleggia sull'acqua, come funzionano i farmaci che prendiamo quando siamo malati, e persino perché i nostri cibi preferiti hanno un sapore così delizioso.

Una delle lezioni più importanti che abbiamo appreso è l'interconnessione tra la chimica e altre discipline scientifiche. Dalla biologia alla fisica, passando per la medicina e l'ingegneria, la chimica è al centro di numerosi campi di studio e applicazioni pratiche. La chimica è anche cruciale per affrontare le sfide globali, come il cambiamento climatico e la sostenibilità ambientale. La chimica verde e le pratiche sostenibili ci mostrano come possiamo sviluppare soluzioni innovative per ridurre l'impatto ambientale e creare un futuro più sostenibile.

Guardando al futuro, la chimica promette di continuare a rivoluzionare il nostro mondo. Nuovi materiali, tecnologie e processi chimici emergono continuamente, aprendo nuove possibilità e migliorando la qualità della vita. Le frontiere della chimica si estendono dall'esplorazione dello spazio alla biotecnologia, rendendo questo campo incredibilmente dinamico e ricco di opportunità. Diventare un chimico significa abbracciare la curiosità e la passione per la scoperta. Ogni esperimento è un'avventura, ogni progetto un'opportunità di imparare qualcosa di nuovo. La chimica ci invita a esplorare, a porci domande e a cercare risposte. Ci sfida a vedere il mondo con occhi nuovi e a scoprire le meraviglie nascoste nelle cose più comuni.

Spero che questo manuale ti abbia ispirato a esplorare ulteriormente il mondo della chimica e a divertirti con esperimenti e progetti scientifici. La scienza è un viaggio continuo di apprendimento e scoperta, e tu sei parte di questa avventura.

Buona fortuna e buon viaggio nel meraviglioso mondo della chimica!